供热通风与
空调工程施工与管理

赵志伟　王红志　著

吉林科学技术出版社

图书在版编目（CIP）数据

供热通风与空调工程施工与管理 / 赵志伟，王红志
著．— 长春：吉林科学技术出版社，2022.8
ISBN 978-7-5578-9402-3

Ⅰ．①供… Ⅱ．①赵… ②王… Ⅲ．①供热设备—
工 程施工②通风设备—工程施工③空气调节设备—工程施
工 Ⅳ．① TU83

中国版本图书馆 CIP 数据核字（2022）第 113583 号

供热通风与空调工程施工与管理

著	赵志伟　王红志
出 版 人	宛　霞
责任编辑	金方建
封面设计	树人教育
制 版	树人教育
幅面尺寸	185mm×260mm
开 本	16
字 数	220 千字
印 张	10
印 数	1–1500 册
版 次	2022年8月第1版
印 次	2022年8月第1次印刷

出 版	吉林科学技术出版社
发 行	吉林科学技术出版社
地 址	长春市南关区福祉大路5788号出版大厦A座
邮 编	130118
发行部电话/传真	0431-81629529　81629530　81629531
	81629532　81629533　81629534
储运部电话	0431-86059116
编辑部电话	0431-81629510
印 刷	廊坊市印艺阁数字科技有限公司

书 号	ISBN 978-7-5578-9402-3
定 价	40.00 元

前　言

　　现如今我国城市化推进的速度越来越快，建筑物的数量和种类也在不断增加。为了能够满足人们对于居住环境本身的需求，应当针对建筑物的供热通风以及空调施工技术展开全面研究，以此将其可能产生的所有问题进行有效处理。通过提供良好的供暖系统和空调工程，保证人们的生活便利，从而缓解开发商和住户之间的矛盾，促使人和人之间做到和谐相处。不仅如此，居住者的居住环境也会得到改善，生活质量也会随之有所提升。

　　在供热通风与空调工程中，材料的质量在一定程度上直接决定了空调系统的好坏。在一些生产中，由于一些人为管理不到位，材料质量无法得到很好的保证，导致出现过早腐蚀现象，可能会导致事故的发生。为了保证施工质量，需要在材料的选择上严格按照相关的技术标准进行，材料管理过程中也要注意各个问题，确保其质量安全。在针对空调设备展开设计时，一些设计人员为了能压缩生产成本的投入，选择一些质量不合格的材料，或选用了不合适的材料，使得施工结束之后，空调设备本身的通风效果非常差，同时还有大量噪声以及无法使用的情况出现。其中最具代表性的便是空调通风管井，在进行建筑物施工时，如果隔墙材料本身的质量存在缺陷，则很有可能造成空气出现泄漏的情况，从而导致空调无法正常运转。不仅如此，在进行设备设计时，施工单位并未将正确的技术指标作为主要依据，因此，在实际设计时，其参照的数据完全不同，最终造成设计结果未能达到预期标准，无法发挥出供热通风的效果。

　　在对供暖通风以及空调工程进行施工的过程中，影响其施工质量的因素不仅包括设计方面、设备性能方面，也包括施工安装方面存在的因素。而我国的供暖通风与空调工程与人们的生活密切相关。因此，需要相关的人员对其施工予以重视，并且积极地将先进的技术应用于施工中，以此来推动行业的发展。然而，受市场发展的限制和要求，施工企业在相应的技术上以及施工质量上都还存在弊端，所以建立相应的规章制度就显得尤为重要。

目　录

第一章　空调工程概述

第一节　空调工程的运行与实践

21世纪的中国城市已经向国际化、生态化、现代化、智能化的方向发展，城市规模的迅速扩大加剧了城市建筑的密集度，空调是城市内使用最广的电器之一，因为夏天热而冬天冷，人们需要室内冬暖夏凉，只有空调才能达到这个要求。但是空调在使用的过程中它的耗能问题一直是人们所关心和担忧的重点，空调消耗能量大的原因主要是空调系统前期设计不合理与后期运行管理不科学这两点，这样容易造成无效能耗。节能是我国进入新时代以来对经济发展提出的新要求，降低能耗确定为今后运行工作中必须推进开展的一个重点，随着空调的大量使用，在给人们带来便利的同时也给能源的损耗带来了一定的影响，我们应该重视空调使用过程中的节能问题，采取先进的技术对空调的节能做出一定的改善，节约能源，保护环境。

一般来说，产品高能耗是要按这个产品的整个生命周期中的总体能耗计算的，包括产品的采购生产加工、成型和产品报废等方面，这才算是一个产品能量损耗的完整过程，在整个工程中损耗的能源才是产品的总能耗，所以对空调的节能也应该从整个运行过程来分析。由于一直以来人们心中普遍的认识是空调系统在夏天越凉越好、冬天越热越好，这就是空调应该达到的效果。其实不然，空调的主要功能应该在于使人产生舒适愉悦的感受，而不是越热或越冷就好，由于人们错误的认识，室内使用空调温度和外界温度的不同，加大了室内和室外的温度差，导致了能源消耗，人们的身体免疫力和抵抗力都会慢慢减弱。

一、空调在使用和为人们的生活带来便利的同时，也存在着一些问题

（一）空调设计专业人员水平有限

空调设计时的技术水平决定了空调产品的节能环保性能，所以空调设计人员的专业素质就显得格外重要，我国空调设计人员在目前对空调设计中节能性能的重视程度不够，在

前期制造空调时投资过大，运行期间的能量消耗超过了国家预设的标准，许多专业人员对能源消耗、节约和技术的掌握不够全面，系统设计不够合理，不经济适用，能源损耗也大。

（二）空调设计观念和技术相对落后

绿色、生态、环保是我们共同的生态环境理念追求，制造空调的过程中应该崇尚和贯彻落实这种理念。设计师既能让空调服务于人类，还能让空调的能量消耗达到最低值。虽然每个设计师都懂得这样的道理和观念，但是在设计和制造空调的过程中没有落实，真正应用于实践的情况却很少，理论没有指导实践，再加上我国节能技术本身就相对落后，效果不是让人很满意，与国际先进水平的节能技术相比差距越来越大。

（三）缺乏对空调系统的有效管理

空调除了设计因素的影响之外，还受到运行管理的影响，一些使用单位在空调使用的过程中不能进行正确的操作，空调管理人员没有经过专业的培训，对正确操作空调的知识和步骤没有很好的掌握，这样在使用过程中就产生了很多使用不规范的现象，既浪费了资源也损耗了能源。

二、对于空调使用中的耗能问题，可以从以下几个方面解决

（一）提高空调设计师的综合素质

空调使用中注重节能环保的观念虽然深入人心，但是还是需要每个制造者和设计师用心制造和设计，并且将节能技术添加在空调的所有功能中，这就要求每个空调设计师具备足够的专业知识和技能，还要对制造空调的技术和节能技术有足够的了解与掌握，所以提高空调设计师的综合素质是一个亟待解决的问题。空调公司可以设置培训班加强对空调专业人员的培训，让他们学到更多的知识与技能。

（二）加强对空调系统的有效管理

空调系统是一个整体工程，需要有专业的团队来负责它的安全运行和规划它的制造，这里所说的专业人员必须是一些有专业知识和素养的人，只是在空调设计中，很多专业负责人因为利益的驱动而设计符合大众审美和需要的产品。这些产品并不一定是有利于人类环境的健康发展，也不符合绿色、安全、生态、环保的发展理念，而且大众的需求虽然有时候是正确的，却不一定对环境的健康发展有利，有时候空调运行中产生的有害气体会污染空气，破坏大气层，造成臭氧层空洞等等，这些问题不容小觑。空调的设计制造到完成是一个复杂的过程，要求工作人员本着为人民服务而且要保护环境的发展理念，在制造空调时不能一味地向"钱"看齐，还要兼顾空调的人文价值，要人性化地看待它。

（三）国家要设置相关的法律法规，加强监督

空调的制造和运行需要秩序，需要一个安全有序的环境，这样才能顺利地完成买卖交换。政府部门要制定一系列的相关法律法规来规定好空调运行的相关事宜，空调公司内部也要加强监督，设立专门的监管部门，监督空调的制作和运行，这样就会杜绝空调公司内部相关人员唯利是图的现象。

（四）人们要树立绿色、生态、环保的发展理念

虽然空调的设计和制造是专业人员的事情，上述三点也都涉及了对空调公司内部人员的要求和建议，那么回到这里来，其实消费大众也是不容小觑的群体。空调生产出来以后，还是需要广大消费者的购买和消费，这样厂家才能赚钱，经济才能顺利运行，所以广大消费者作为空调的使用者，要学会安全经济地使用空调，秉承绿色、安全、环保的生活理念，在享受高科技带来的便利的同时，也要保护环境，以减少对环境和空气的污染为原则。人们的观念是随着时代的发展而变化的，虽然观念在变，但这是个循序渐进的过程，不能一蹴而就，所以人们对环保理念的接受和内化需要一个过程，国家可以通过广告宣传、楼宇电视宣传、报纸等媒体作为载体来给人们灌输节能环保的理念，这样就能在不知不觉中会内化人们的思想，从内心接受它、改变它。

本节探讨了空调运行中的节能问题和解决措施，其实每个电器产品的出现，都在给人们带来便利、改变着人们生活的同时，还会对人们的生活环境有负面作用，因为每个事物的存在都有利有弊，具有两面性，我们要在享受新科技带来的服务的同时，注重环境的保护。空调的使用产生的氟利昂会破坏大气中的臭氧，引起臭氧层空洞，对人类的生活构成威胁，所以科学家也在不断地研究怎样使用空调避免这种现象的产生，所以就出现了节能环保技术。节能技术也是我国最近几年新出现的技术，是为了解决能源损耗问题而设计的技术，由于全世界使用能源需求量过多、损耗量过大，这样能源出现供不应求的现象，还有造成环境污染严重的现象不胜枚举，这些都是需要人类自己去解决的实际问题，也是关乎我们生活的健康问题、节能技术在发展中也为我们带来了些许改变，希望这些改变为我们的环境带来福音。

第二节　BIM 技术与暖通空调工程

目前，暖通空调工程受到社会各界的广泛关注，如何完善暖通空调的设计成了设计行业关注的主要问题之一。BIM 技术是对建筑建立模式，利用电子计算机的信息模

拟建筑的状况，在建筑的设计过程中起辅助作用。实现 BIM 技术在暖通空调设计中的合理应用，能够加快暖通空调设计人员的工作速度，提高暖通空调设计人员的设计水平。

一、BIM技术概况

（一）BIM 技术的主要特点

①可视性。可视性指利用 BIM 技术建立模型后，就可以清晰、准确地把握完工后的整体效果。②协调性。协调性指在建筑施工的前期阶段，运用 BIM 技术可以协调好建设过程中可能出现的很多问题。③优化性。优化性指在整个建设过程中，利用 BIM 技术可以逐步完善设计，减少发生事故的次数。④一体化性。一体化性指运用 BIM 技术可以实现从项目设计到工程项目全过程的整体管理。

（二）BIM 技术的基本优点

①计算的精确性。在工程项目的各个环节中，运用 BIM 技术可以实现对整个项目精确完整的运算，不仅节省了计算的时间，还有效地提高了整体效率。②实施有效的监控。运用 BIM 技术，可以直观、有效监控工程中出现的各种问题，从而使问题得到迅速解决。③实现图纸与实际的有效协同，减少返工次数。运用 BIM 技术，结合其可视化的特点，并利用时间的维度对其进行虚拟施工，防止施工过程中出现质量、安全、时间节点等方面的问题。④协调冲突，决策支持。在建筑施工时，运用 BIM 技术可以做出有效正确的决策，其原理是 BIM 技术可进行大数据的计算，可有力地支撑工程的数据后台，并根据这些计算的数据进行精确的分析和对比。

二、BIM技术在暖通工程中的应用

（一）BIM 技术在暖通工程设计中的应用

BIM 技术在暖通工程设计过程中对构建实体、管线等方面进行模拟和综合虚拟施工实验，帮助设计师确保设计质量。

（1）暖通管线设计。BIM 技术在进行暖通工程管线设计阶段，较传统二维设计作业多了高度标高和透视效果，使暖通工程中的管线排布、交叉、平行、转角等敏感部分以更清晰、准确的方式呈现，有效地帮助设计师节省额外绘制细节的工作量，BIM 技术软件可供设计人员在任意位置选择任意角度形成剖面图，提高设计效率，有效降低施工技术难度阶段的工作难度。BIM 技术使暖通工程管线排布清晰、准确，有效地帮助设计师规避技术冲突和管线小范围内碰撞，避免施工过程中发现设计问题返工的麻烦和对人力、物力的浪费，为工程整体提高效率和质量在设计阶段打下良好基础。

（2）实体设计。暖通工程设计工作中，设计师不仅要关注管线与管线之间的距离和位置，还要关注管线与建筑物中其他构件的距离和位置关系，尽量避免与其他建筑构件和应用技术发生冲突，降低暖通工程施工对工程整体质量的影响。BIM 技术进入暖通工程设计阶段有效实现了这一设计目标，将管道高度、位置，设备高度、位置等信息都在建筑物模型中进行显示，准确、有效地对暖通工程管线和设备设计进行展示，有利于设计师与施工管理人员通过设计图纸进行技术交流和施工交流。

（二）BIM 技术在暖通工程施工中的应用

（1）模拟施工。在建筑工程开启暖通工程施工时，施工现场管理人员可通过 BIM 技术软件中的模拟施工部分进行暖通工程施工作业模拟操作，有利于施工团队了解暖通工程中管线与其他工程施工部分的位置关系和距离，有利于在土建等施工环节中加入暖通工程管线、孔洞的预埋、预设作业环节，有利于提前解决技术冲突等干扰施工的问题，因此 BIM 技术和软件是施工现场管理人员最有利的工作辅助项目。管理人员可以通过 BIM 软件及时发现需要调整、优化的施工环节，有效地提高暖通工程以及建筑工程整体的施工效率和质量，为后续施工提供良好的环境基础。

（2）现场施工。施工现场在进行暖通工程管线和设备的实际安装作业时，BIM 技术为现场施工管理人员提供了强有力的辅助，辅助暖通工程设备和管线安装位置更准确，施工作业操作更符合作业流程，整体施工更加科学合理。现场施工管理人员通过技术交底、BIM 技术辅助、施工方案等多方面辅助，对工程施工进行更科学、合理的安排，尽量达到施工顺序合理，预设作业施工质量达标，管线与设备安装工作到位，有效避免暖通工程在预设和安装两部分中的安全隐患问题。

三、BIM技术应用软件

BIM 技术目前主要分为四个系列软件，各有优势，在建筑工程施工中要根据其优势进行应用软件的选择。第一，Autodesk 公司的 Revit 系列软件，主要在建筑、结构和机电方面具备优势；第二，Bentley 系列，在建筑、结构和设备方面具备优势，在我国主要应用于工厂设计和基础设施建设中，如化工厂、医药厂或桥梁、水利等方面；第三，ArchiCAD 系列，是面向全球的产品，属于仅面对建筑专业的 BIM 软件，是我国建筑设计领域最熟悉的软件；第四，Dassault 公司的 CATIA，这是高端设计制造软件，目前应用于航空航天领域，已经形成垄断态势，在应用于建筑领域的技术、建模、模拟、信息处理都有明显优势，但在对接具体工程项目方面有所欠缺。目前暖通工程领域设计和施工阶段常用的 BIM 软件是 Revit 和 CAD，两者在设计、模拟、展示方面都能够达到最优呈现效果，是暖通工程在目前市场上的常规选择。

BIM 技术在建筑物暖通工程的设计、施工过程中发挥着巨大作用，从设计层面、模型虚拟层面和施工指导方面有效提升了工程整体水平，为减少安全隐患、提高暖通工程整体质量、提高建筑舒适度打下了坚实基础。由此可见，BIM 技术未来在建筑产业中会得到越来越广泛的应用，成为建筑业不可缺少的技术之一。

第三节　暖通空调工程设计

作为一项实际要求较高的实践性工作，暖通空调工程设计的特殊性不言而喻。该项课题的研究，将会更好地提升对暖通空调工程设计常见问题的分析与掌控力度，从而通过合理化的措施与途径，进一步优化该项工作的整体效果。

随着我国科学技术的不断快速发展以及对节能和环保要求的不断提高，暖通空调领域中新的设计大量涌现。如何对暖通空调设计进行科学的比较和优选，是暖通空调设计人员在实际设计工作中经常遇到的一个重要技术难题。实行施工图审查制度以来，设计人员在执行国家有关设计规范、规定及标准等方面的意识大大加强，施工图设计质量有了较大的提高，但由于目前基建项目多、工程类别杂，故在执行设计规范中存在着一些不同的理解和做法。暖通空调的安装质量以及后期的使用质量取决于该系统设计方案的选择，因此在实际工作中，设计人员必须要将各种因素全部考虑在内，保证暖通空调的设计质量，从而保证暖通空调的使用质量与使用价值，在节能环保的基础上提高人们的生活质量。

一、当前暖通空调设计中的常见问题

（一）可行性方面存在的问题

对于具体的暖通空调设计来说，可行性是最为基本的一个要求，只有保障了具体的设计方案具备较强的可行性才能够促使其具备一定的价值和意义。但是就当前我国现在的暖通空调设计现状来看，很多设计方案在可行性方面都存在着较为明显的问题，比如说，在具体的暖通空调设计中没有充分地考虑到当地的实际状况，因而对于具体的设计强度存在着一定的主观性，这种主观性就极有可能会造成暖通空调在具体的使用过程中出现负荷增大或者是不平衡等问题，甚至还有可能会对整个建筑物内部的供水系统以及供电系统等产生不良影响，必须引起足够的重视。

（二）经济性方面存在的问题

暖通空调设计作为整个建筑工程项目设计中的一个重要组成部分，在具体的设计过程中也应该充分地考虑到经济方面的因素，这种经济方面的因素对于整个设计方案的效果也会产生一定的影响，并且这种对于经济因素考虑不够全面的问题也是当前暖通空调设计中比较常见的问题之一。很多的设计人员针对暖通空调进行设计没有考虑到成本因素，总是过分地求快求好，进而导致其在具体的安装中出现了资金不足等问题，严重地制约着暖通空调安装的有序性，也会产生较为严重的浪费问题。当然，对于暖通空调后期使用过程中能源的节约没有进行有效的设计也是一种比较常见的经济性方面的问题，比如对于暖通空调设备性能的高低选择不当就会造成后期能源使用的浪费。

（三）安全性方面存在的问题

对于暖通空调的设计来说，安全性也是一个极为关键的基本要求，而就当前的设计现状来看，在安全性方面，很多设计都存在着一定的问题，这种安全性问题主要表现在以下两个方面：首先，对于具体安装过程的安全性考虑不够全面，进而就很可能造成其在具体安装施工中出现一定的问题，影响施工人员的安全，造成一定的伤亡，这正是设计不当的一个重要表现；其次，对于后期暖通空调设备的正常使用来说，也存在着一定的安全隐患，在具体的设计过程中，没有针对暖通空调设备的安装位置以及防火、防电等因素进行有效的控制，就很可能导致其在后期的使用过程中出现各种各样的问题，影响使用人员的安全。

（四）可操作性方面存在的问题

对于具体的暖通空调设计来说，还应该具备较好的可操作性，即要保障暖通空调设备在具体的安装以及后期使用过程中具备着较好的便捷性。具体来说，在该方面当前设计存在的主要问题表现在以下两个方面：一是设计方案的确定对于具体的暖通空调设备安装造成了一定的麻烦，比如对于暖通空调设备位置的选择有可能会对于后期的安装施工造成较大的困扰，导致其无法采用正常的施工手段进行安装，影响其安装的进度；二是对于今后的具体使用过程来说，如果设计不当必然会对具体的操作产生一定的困扰，影响其操作的便捷性，甚至出现难以操控的现象。

二、暖通空调系统节能在工程设计中的措施

（一）改善暖通空调系统节能的设计

随着科学技术水平的不断发展，在先进技术不断更新的年代，设计工作者应与时俱进，尽可能地将先进技术广泛地应用于暖通空调系统中去，为其系统和建设中尽可能的节能做好有效的铺垫。首先，改变设计人员的设计观念和工作宗旨，提高设计人员的工作素质和专业素质。其次，在设计空调系统的过程中，要坚持保证温度调节独立的原则，应使得在供暖系统中保证各个房间的室内温度能够独立地进行调节。同时也有利于实现各个区域的费用结算和支付，对使用者的方便最大化。同时，在设计过程中，应尽可能地简化管路系统，减少设置管道所带来的材料消耗，从而达到尽可能地节省成本的目的。

（二）加强对暖通空调系统新风的重视

在暖通空调系统的运作过程中，正如大家所知，新风在系统节能的环节中贡献重大，暖通空调系统的运行负荷会随着新风量的增加而增加。与此同时，其运作消耗的电能也会随之增加，但是，过少的新风量又会影响空调环境的质量。因此，为了达到尽可能的节能的目的，就好针对具体的空调环境把握和控制好送风温度和新风比例。例如，为了制造冬暖夏凉的良好的室内环境，夏天室内需要供应冷空气而冬季则需要供应热空气，室外的新风量的增加，暖通空调的系统能耗也会随之增加。这样一来，为了达到节能的目的，可以通过将室外的新风控制到卫生要求的最小值。与此同时，在春秋季节，温度适宜的期间全部使用新风，从而尽可能达地到节能的最大化。

（三）对能源进行有效的管理

由于对能源缺乏有效的管理，导致资源和能源的浪费。那么，要改善暖通空调系统的能源节约情况，必须吸取教训，加强对能源的有效管理。在有效的管理设计、设置以及运行中的能源消耗以及分析的同时，大力开发热回收装置，充分利用空调系统耗能中大量浪费掉的余热。通过交换设备进行热量传递，达到尽可能的不消耗余热能量，使节能达到最大化。通过回收排风余热以及制冷机的冷凝热回收，从而使其得到充分利用，达到能源的使用最大化，减少浪费，以此减少能源消耗。

综上所述，加强对暖通空调工程设计问题的研究分析，对于其良好设计效果的取得有着十分重要的意义，因此在今后的暖通空调工程设计工作中，应该加强对其关键环节与重点要素的重视程度，并注重其具体实施措施与方法的科学性。

第四节　空调工程中换热器的运行

对于换热器而言，其是暖通空调工程中常见的也是尤为重要的设备，同样也是节约设备能耗的重点体现。提高换热器的使用效率降低其能源消耗，无论对于能源紧张问题还是环境污染问题都能起到一定的缓解作用，还能推动暖通空调技术及其系统功能的更新。

一、简析暖通空调节能的必要性及设计

依据我国有关部门的数据统计分析，对于整个建筑能耗设计而言，暖通空调工程的能源消耗可以占据总量的40%左右，一方面消耗与浪费了大量的能源；另一方面还会促进有关比例上涨，从而激化能源供求之间的矛盾。也由于这一原因，关于其设计节能降耗已

渐渐成为有关研究工作人员的重点工作方向。现下，我国的人均住宅面积呈现逐渐增加的趋势，因此使用暖通空调的用户也会随之增加，在现实运作中必然会造成更大的能源消耗，这也是体现能源供需不协调的一方面。现阶段，我国所使用的能源体系中依旧以不可再生能源为主，特别是电能。因为使用十分频繁为能源总量带去了巨大的压力，还会引发一系列的生态污染问题。

对于节能设计而言，主要有以下几个方面：①变频系统。在进行暖通空调有关节能设计时，第一选择就是变频系统，其主要作用是能够减少能源损耗，还能对暖通空调系统存在的不足加以补充，从而减少运行成本投入。在进行节能设计时，通常都会留出一定的余量空间，从而有利于设备负荷能够有序平稳的运转。我们以建筑节能设计为例，在建筑物中的暖通空调中使用变频系统，能够对系统输出功率进行及时调整，将负荷变动加以改变，由此增强空调的节能效果。②地源热泵。这种空调主要使用的是地源热泵系统，所使用的埋管式系统不仅安装十分灵活，而且易于控制。关于埋管方式主要采取立埋方法，将水当作冷热量载体，从而让机组和土壤之间能够进行有效的热量交换。该种空调系统由三部分组成，而各个系统间主要通过水或者是空气实现热量传递，地能和地源热泵之间所使用的换热介质是水，至于暖通空调末端所使用的换热介质可以是空气也可以是水，从而达到恒湿与恒温的效果。

二、实验案例分析

在文中的实验案例中，主要进行的是换热器自身换热性能的实验。实验中的实验对象为：套管式、板式及列管式换热器三种。长期使用换热器很容易出现换热器结垢、腐蚀等有关问题，不仅会大大降低其传热性能，而且会增大空调能耗，甚至带来一定的经济损失。对此，首先将对换热器受到腐蚀的主要原因进行简要分析：①水质。水质含有的溶解成分、pH 值、水温等均会严重影响换热器的腐蚀情况。而水的 pH 值、含气量以及有关溶解成分的影响程度较大，可是却能够进行人工控制，所以在使用过程中应尤为注重维护工作。对于换热器系统而言，对其影响最大的因素就是管道中积存过量的空气，一方面对水循环造成严重影响，另一方面氧气极易使换热器受到腐蚀。由于水中的空气溶解度和温度与压力具有关联性，要是水温升高或是管道阻力压降低时，自然就会在水中溶解。除此之外，要是 pH 值较低，十分有利于阴极反应的发生，金属遭受腐蚀的速度会大大提升。所以，在使用冷却液的过程中要尤为关注水质，最好使用碱性较高的水，由此降低 pH 值腐蚀换热器蚀的速度。水中如果含有大量的阴离子，同样也会腐蚀换热器。所以要对离子浓度进行科学检测，降低阴离子在水中的含量，可以加入适量的抗腐蚀物质有效保护换热器。②材质。只是少数的换热器所使用的制造材料是不锈钢、玻璃等有关特殊材质，通常的换热器主要使用的是碳钢。关于碳钢，其中还含有一定的锰、硅、硫等，在钢材中主要影响其中碳含量的因素就是力学性能。和合金钢比较，通常不会加入很多合金元素，因此极易出现生锈现象，而且抗腐蚀性能极低。③进出口温度。随着温度的进一步升高腐蚀速度也会增快，也就是说二者之间是成正比例的。所以，在平时使用过程中一定要对供水温度进行严格控制。

在三种换热器只在对冷水流量加以改变的实验中，针对其传热系数、阻力以及平均换热量变化进行分析，结果如下：

（1）水流流量影响换热器传热。通过该实验，我们能够得知要是水流流量不断增加，这三种类型换热器的平移换热值以及传热系数也会随之呈现逐渐上升的趋势，当中上升趋势相对明显的为水板式以及套管式，至于列管式上升趋势并不明显。之所以会产生该种情况的核心因素由于水流流量的增大而提高了流体雷诺数，所以在流体内部会生成一定的旋涡，使得流体掺混不断增强，严重限制层流底层产生破裂，提高了传热速度。但是列管式、板式以及套管这三种换热器的结构上存在着差异，其冷水和热水发生换热的位置位于列管与外管之间，因此流动空间要远大于其他两种，即便是让冷水流量增加很难提高其流速，那么也就不能有效地提高流体雷诺数，那么也就难以对层流地层破坏加以阻止，要想提高列管式的传热效果仅仅改变冷水流量是远远不够的。

（2）水流流量影响换热器阻力。在实验分析过程中，我们能够发现如果提高了水流流速，不仅可以对换热器传热效果产生影响而且也使得换热器阻力进一步增大，从实验结果来看反应效果最为明显的套管式与板式换热器。因为流速变化和流动阻力变化之间的关系是呈正相关的，所以要是冷水流量增大会使得套管式以及板式中的流速提升，所以流动阻力也会随之增强；但是对于列管式而言，与另外两种换热器相比其冷水流动空间会更大一些，所以即使是增大流量也很难影响冷水的流动速度，所以其流动阻力也不会发生很大的变化。

（3）最佳运行流量。通过实验与有关分析能够知道，随着水流流量的不断增大即使可以增加换热量，在一定程度上能够将换热器实际运行效率有效地提高，可也不能忽视其会让流动阻力增大，进而加大了换热器耗损程度。因此，从事暖通空调工程的有关研究人员应重视换热器的深入研究，制定出一个相对精准的流量值，确保在损耗最小的情况下换取最大化的换热量，而此时所明确的流量值就可以被称之为换热器的最佳运行流量。至于计算运行流量，笔者认为应以总能量作为计算出发点，也就是换热器最大的阻力耗损和平均换热量之间的差值，即换热器的最佳运行流量。

通过本节的简要分析，要想提高换热器的实际使用功效，就应该严格控制其内部热水流量、冷水流量还有阻力因素。相关工作人员应对其最佳运行流量进行科学计算并做好运行节能分析，以此保证当换热器换热量最大时不会造成过大的耗损。

第五节 净化空调工程的设计要点

近几年，社会发展迅猛，在这种环境下空调行业不断快速发展，其中净化空调工程的设计水平是重要组成部分，所以需要加强提高净化空调工程的设计，同时将设计质量进行考量，最终目的是减少成本，提高安全性，提高净化空调工程的设计才是企业中主要项目之一，因为提高净化空调工程的设计是空调行业核心部分，需要不断进行分析和研究，从基础上节约成本。目前净化空调等各项目都是国家现在发展重点，也是国家经济发展的根本，这时需要将空调行业发展及规划按照未来角度进行考量，不断促进净化空调工程的管理水平。但是我国提高净化空调工程的设计还存在很多问题，所以需要制定一个有效而且优化的措施。而提高净化空调工程的设计存在很多问题，目前根据国家近几年出台一些法律法规针对空调行业质量进行管理，在整个过程中，都需要按照国家标准进行，本节针对这一问题进行详细的探讨，促进空调行业的发展。

一、净化空调与一般空调的区别

净化空调与传统空调比对具有较高的品质要求，而且在电能损耗上远远大于普通中央空调，通过以下几个方面进行阐述。

（1）主要参数控制：一般空调主要针对温度、湿度、噪声等进行控制。净化空调主要侧重空气含尘量、风速、含菌数、换气指数等。

（2）空气过滤手段：一般空调仅有初级过滤，对于较高空调存在中级过滤。而净化空调存在粗、中、高过滤几种，甚至多种都存在。

（3）室内压力要求：一般空调在室内压力过程当中要求并不高，而净化空调避免外界污染空气渗入，对于不同区域有着不同的压力要求。

（4）避免外界污染：对于外界污染净化空调有着较高要求，而材料选择、加工环境、设备部件存储状况都需要严格。

二、实际案例

该工程位于赣州市同兴达电子科技有限公司工业园内。建筑共6层，总建筑面积45000m²。本次招标内容为主楼1～6层，副楼1～6层，主楼单层面积为5000m²，其中一层为普通空调区域，二、三、四、五、六楼为动态千级区域；副楼一楼为普通空调区域，共1000m²，二、三、四、五、六楼各楼层千级区域为780m²，万级区域为500m²，普通空调区域144m²。本工程包括彩钢板隔墙及吊顶、净化设备、空调设备及管道工程（含相关给排水）、通风空调设备的配电、PCW（工艺设备用冷却水）设备及管道工程（含相关给排水，吊顶上预留阀门，每组分支管末端设旁通阀）、相关设备或管路的基础及支吊架、工艺排气设备及管道工程（吊顶内做排风主管并预留相应调节阀）、地面铺设防静电PVC地板等内容，土建墙（另行发包）、压缩空气（另行发包或工程部施作）、纯水（工程部施作）、真空（工程部施作）、一次侧（低压柜至设备商电柜）电气及工艺设备配电（另行发包或工程部施工），工艺废气、废水、消防、安全按我司其他相关部门要求处理。

三、工程设计要求

（一）通过以下几点进行阐述工程设计要求

（1）对于通风、空气调节系统风管需要采用圆形或长、短边之比不大于4的矩形截面，其最大长、短边之比不应超过10。

（2）净化空调系统的新风管段应设置调节阀，送、回风管道应设置调节阀，洁净室内的排风系统应设置调节阀、止回阀或电动密闭阀。

（3）设计图纸必须包括设计说明、施工说明、图纸目录、平面图、流程图、冷凝水系统图、重要部位剖面图等。

（4）设备和管道的保冷、保温材料应按下列要求选择：保冷材料主要技术性能应按国家现行标准《设备及管道保冷设计原则》及《设备及管道保温设计导则》的要求确定。

（二）净化空调设计要点

1. 深化特点分析，优化规划设计

将净化空调工程的设计进行分析，对于净化空调工程的设计规划才是一项重要决策手段。从上文讲述来说，净化空调工程整个工程比较大，设计时间较长，在净化空调工程设计中需要针对特点进行设计，有针对性地进行大特征、小特点设计，这样才能对净化空调工程工程项目进行明显提升，科学有效地进行质量保证。

净化空调工程系统主要分为三个部分，分别是送风系统、工业生产区、回风系统。由于净化区是比较封闭的空间，该空间的相对流动性较差，同时散失量较小，所以在设计过程当中需要将新风气流处理到净化空气状态点作为新风机组控制点，最终满足设计需要。

2. 积极转变思想，实现技术创新和突破

转变思想才能使技术有所突破，在净化空调工程设计中，为了将整体工程质量提高，需要不断突破现有技术。单单从现有设计来看，质量好坏决定于技术，所以提升技术非常

重要，在现有技术当中增加一些奇思妙想，将其充分结合，才能展示新技术孕育与发展，将优势得到充分发挥。

3. 强化管理，实现设计的专业性

净化空调工程质量设计管理需要从以下几点进行：

（1）需要有良好的监控管理，从现有条件下，设计环境都会影响净化空调工程正常运行，所以要针对当地状况收集信息对设计进行调整，将质量影响控制在最低。

（2）现场管理，积极做好现场质量，控制现场尤为重要。

（3）充分发挥出设计人员的质量安全意识，不断调动设计人员的主观能动性，与此同时需要增强他们的工作责任心，对于净化空调工程质量及进度需要全方面把控，以质量求发展。

（4）对于净化空调工程设计人员需要提高专业技术，不断提高技能和理论知识，对于一些特殊工种工人需要持证上岗，经过考试合格后才能上岗。

4. 提升工程验收标准，做好质量控制

对于输电线净化空调工程的设计完成后需要进行验收，验收是对净化空调工程质量控制的最好办法，将验收项目进行明确，将每一项内容进行确认，避免出现漏洞，按部就班地进行验收工作，将验收标准进行明确界定，完善验收标准，让验收工作质量控制得到明显提高。

5. 在设计过程中尽量避免质量问题的产生

在进行净化空调项目设计之前需要准备以下工作：

（1）对于净化空调项目所在区域、环境、温度、气候、地质状况进行数据收集和各项资料深入分析，将各项资料及可能产生因素进行分析。

（2）根据净化空调项目设计方案进行分析筛选，将不利因素去掉，最终目的是避免产生质量问题。

6. 突出节能环保理念

净化空调工程的设计需要追求环保理念，充分考虑材料功能性，结合净化空调工程的设计未来发展状况，加强可持续发展要求，加快我国资源节约型社会建设步伐。

净化空调工程的管理水平是实现国家及个人企业的最终目标，而减少问题产生也是提高国家及个人企业最大化的手段之一。加强净化空调工程的管理是一种比较有效的方法，为了提高净化空调工程的设计，需要在很多方面进行分析与研究，提高净化空调工程的设计才是国家及个人企业发展道路，为了提高提高净化空调工程的设计，需要发挥每个人技能。这样才能加快国家、个人及企业的发展，将企业扩大化发展。在竞争日趋激烈的市场

经济环境中，国家及个人企业也需要不断加强。提高净化空调工程的设计会面临很多问题，加强提高净化空调工程的设计是非常重要。

第二章 室内给排水系统的安装

第一节 室内给排水系统的施工难点

在我国科学技术高速发展背景下，应该考虑到随着社会经济水平的提高，施工单位需要加强对建筑施工质量的管控程度，公共建筑对排水系统的作业技术有较高的要求，设计人员与施工人员必须明确各自在工程进行期间的工作任务，应该对工程进行合理的安排，通过科学的规划让施工按照规定要求进行，完成材料安装工作并保证给排水系统可以发挥职能作用。本节围绕上海市档案馆新馆（一期）项目给排水系统工程施工进行深入探究，分析公共建筑给排水系统施工难点，介绍室内给排水施工现状，最后引出给排水系统施工要点，希望相应内容可以对相应从业人员开展工作提供一定的帮助。

一、工程概述

上海市档案馆新馆（一期）项目位于浦东新区花木地区，东至白杨路，南至规划前程路，西至规划连汇路，北至规划龙汇路。本项目总建筑面积106045m²，地上面积75984m²，地下面积30061m²，建筑总高度为80m。

本工程给排水系统主要包括生活给水系统、热水系统、太阳能热水系统、污废水排水系统、雨水排水系统、雨水收集及处理系统。

二、公共建筑给排水系统的施工难点

（一）楼层高对施工形成的影响

建筑给排水系统可以维持用户的正常生活用水需求，是保证建筑内部活动人员正常饮水的基本系统。在施工阶段应该按照要求进行操作，规范施工操作行为，防止为工程埋下安全隐患，从而导致室内给排水系统的功能作用无法良好地发挥出来。在建筑施工期间考虑到大众对公共建筑用水量的需要，整理以往公共建筑在室内给排水系统设计方面存在的问题，确定设计与施工难点，探究施工阶段存在的设计与施工问题。公共建筑需要较大的水压，才能使系统正常运行，满足内部人员的用水需求，但是水压增大又会使阀门与水管

承受巨大的压力，如果在一段时间后仍然处于此种状态，可能会缩短阀门与水管的使用寿命，还会使水管出现泄漏的情况，带来不少的麻烦。

（二）排水系统施工难度大

排水系统是建筑的重要组成部分，直接影响建筑用户在建筑中的生活状况，对公共建筑进行给排水设计，保证排水系统可以正常工作，还应该考虑到一旦排水系统失去作用将会导致内部人员生活空间难以保持干净的状态。在确定排水系统对建筑起到的作用后，需要引起设计人员以及施工人员对相关工作的高度关注，确定排水系统设计与安装工作的要求。在建筑排水系统设计期间，需要考虑建筑供水排水与内部活动人员之间的关系，公共建筑活动人员数量逐渐增多，在此种情况下污水排放流速的增加，会带来气压浮动的问题，进而导致管道泄漏，更为严重时会堵塞管道，使内部人员无法正常用水。为提高排水系统的运行效果，应该关注排水安装工作要求，保证管道质量达到标准。在安装工作进行阶段需要规范现场操作人员的作业方式，促使操作人员一直保持高度的专注的状态，由此可以延长排水系统的使用寿命。

三、公共建筑给排水系的统施工现状

（一）设计不科学，施工操作不规范

在建筑给排水系统设计与安装阶段，需要确定建筑给排水设计要求，确保设计人员在充分考察建筑场地的情况下，按照设计标准编制方案，而建筑操作人员进行管道安装期间按照技术标准作业。目前，发现很多施工人员在给排水系统安装环节，由于技术不过关同时存在作业意识低下的情况，没有重视管道或给排水系统设备安装工作，容易出现安装问题。在给排水系统设计期间，施工单位必须考虑相应情况对工作造成的影响，应该加大对排水系统相关管件的质量防控力度，需要严把质量关，防止因为节省材料影响工程整体质量，在施工阶段一旦遇到管道实际尺寸不精确与要求不符的情况，需要快速停止施工，查找问题根源所在并加以解决。

（二）构件材料问题

对大部分建筑室内给排水工程进行研究，发现管道安装尺寸与实际不符，材料质量没有达到规定要求是常见的工程问题，同时部分施工单位在没有规范施工程序的前提下便开始进行工作，在此种情形下容易使水管连接处出现水管开裂、渗水、漏水、阀门不能关严等问题，相应问题将会降低建筑工程的整体质量，还可能带来安全问题，对建筑用户造成不小的影响。因此，在工程进行期间必须加大对工程质量的监管力度，同时应该加大施工人员技术操作的规范力度。在施工前需要进行教育活动，促使工作人员形成责任意识、安

全意识，端正自己在工作中的态度，不能随意对待工作，还需要保证质量监管工作由相应人员跟进，在现场施工人员自检后，由质量监察小组再次检查，通过自检、他检等方式完成管道施工质量检查工作。

（三）底层排水设计不科学

在公共建筑的底层区域存在排水设计不科学的问题，导致排水管返溢情况的出现，相应情况一旦出现将会使建筑内充斥刺激性气味，给建筑用户活动造成很多不便。在项目设计环节，设计人员必须调查工程实际状况，在掌握相应信息后进行排水设计，而在工程进行前应该进行技术交底，使现场操作人员了解图纸的各项信息，防止在施工期间因施工人员不理解设计人员的意图，降低给排水系统工程的作业质量。

四、建筑给排水系统施工要点

建筑给排水系统施工需要按照实际情况灵活选择施工方式，确定管道安装与安装工作结束后的工作要点，下面将介绍建筑给排水系统施工要点。

（一）安装阶段的质量控制要点

给排水系统施工，设计人员确定建筑实际状况，按照设计规范标准调整方案，提高施工方案内容的合理性，在此前提下应该确定施工阶段的作业规范，要求排水施工所用的管件达到质量要求。在各类管件安装阶段需要规范施工操作方式，防止在管件安装搬运环节，因操作方式不当造成损坏，由此耽误工程进度。比如，在安装超静音排水管的环节中，施工人员必须确定管件安装各环节的工作内容，同时应该防止接触油漆等污染物，否则会对管件造成伤害，还会拖慢工程进度。

在公共建筑给排水系统施工阶段，一般给水管会选择 PP-R 管，排水管选择 UPVC 管，前者具备卫生、质量小、安装便捷、耐压以及抗腐蚀性能突出等优点，适合应用在给水领域中；后者的连接密封性优异，在安装阶段常用热熔连接方式连接管件，提高管道牢固程度，在 UPVC 管安装期间为防止管壁受到污染，会使用塑料布覆盖管件，在施工结束后拆除塑料布。

（二）管道安装结束的施工质量控制要点

在给排水管道安装结束后，施工人员需要进行压力测试，掌握水管的承受能力，必须保证阀门与管道的抗压能力达到国家规定要求，在抗压测试阶段可以利用测试得到的结果确定材料质量，同时还可以及时发现不符合规定的管口，有利于对其进行处理，使其开口封闭。完成相应操作后在管道低处进行注水作业，进行相应工作是为了排除管内的气体，在检测阶段一旦出现问题需要快速停止施工操作行为，及时处理问题，为管道施工按要求进行提供条件。施工单位应该在施工阶段整理出现的问题，要求技术人员快速围绕相关问题给出可操作性强的解决方案并进行处理，防止工程整体质量受到给排水施工问题的影响。在建筑室内给排水施工期间，需保证水管按照规范及设计图纸要求进行压力测试，记录此阶段遇到的问题，并且对相应问题进行整理，技术人员需要结合掌握的信息编制解决方案，为工程顺利进行且达到质量要求创造条件。

在建筑给排水设计期间应该考虑消防工程的需要，针对建筑起泵初期水泵扬程随着楼层高度增加变高的实际情况，需要考虑到管网处于超压状态，使管网难以得到合理的应用。因此，施工人员需要进行相应的管控措施，稳定管内压力，由此确保灭火阶段消防用水可以满足应用要求。另外，为保证建筑用户的安全，应该确保出水压力可以满足灭火工作对水的需求量，在屋顶安装增压稳压的设备，使消防系统的功能作用可以更好地发挥出来。

我国建筑工程施工水平随着经济与科技的发展不断提高，在公共建筑室内给排水施工阶段，对公共建筑进行定位，确定给排水施工技术的应用要点，同时需要针对公共建筑在给排水方面的需求，发现当下给排水施工存在的问题，考量公共建筑内部人群众多，所需的用水量及给排水量巨大。因此，必须加大对工程管件质量的检查力度，杜绝偷工减料等情况。除此之外，还应该要求施工人员严格按照实际情况以及建设要求设计图纸，优化图纸的各项参数，施工人员需要确定室内给排水的施工要点，端正工作态度，按照技术要求完成安装作业，提高建筑给排水工程的作业质量，为建筑工程达到质量要求提供坚实的保障。

第二节 室内给排水工程的合理设计

给排水系统设计不仅是我国现代居民住宅家居建筑设计的一个很重要的组成方面，而且与现代人们的日常生活息息相关，其排水设计方案是否合理，对今后民宅住户的家居装修、日常排水使用与装修维护都会产生重要的影响。作为一个从事建筑给排水的建筑设计从业人员，面对日新月异的建筑设备与新材料、新技术，面对越来越严格的各类规范的设计要求，要不断认真学习，总结自身经验，切实做好住宅建筑给排水的合理规划设计。

一、水表设置及给水支管敷设

（一）水表设置

近年来，水表因为被安设于居民住宅户内而由此引发的诸多安全隐患问题日益凸显，引起了社会各界人们的高度重视。由于这些安全隐患问题的不断深化产生，水表户外开门出户已逐渐发展成为一种必然的生活选择。具体标准确定在高层住宅小区工程实际建筑安装工程设计中时还应选择采用何种高层建筑材料水表板的安装设计方式，应由住宅工程设计部的专业技术人员根据新建高层住宅的高级建筑技术性质、住宅小区的高层建筑技术档次及当地上级建筑行业国有资产监督管理部门有关专业部门的建筑技术标准要求情况进行分析确定。

（二）给水支管的布置与敷设

目前，新建小区高层住宅中一厨两卫现象已很普遍，有的小区新建高层住宅甚至至少可以同时配有一个大厨房或一厅三卫、一厨四卫，且高层住宅中的厨房、卫生间、阳台各个主要饮用区和水源头的节点及地理空间位置均较分散。因此，为了更好地满足供水行业安全规范的支管设计工艺要求，给水器的暗端支管在各节点前端入户后通过暗端支管即可自动连接或进入各个节点分水器，分水器支管暗端也可安设于大型客厅或小厨房或私人浴室以及卫生间两侧的外墙体内，通过每个节点分水器后端即可连接往各个大型饮用池的水管而该节点及其支出的饮用管外径及其长度可平均可任意调整控制在 25mm 以下。但是也应特别注意：一般是安设于基层墙体尚未找平的基层内其他类型给水站的地下支管给水站在墙体施工处理完毕后，应在其墙体漏水警示位置预先检查做好墙上明显的墙体漏水警示标记，以免其他类型住户在进行墙体装修时故意漏水破坏其他类型给水站的地下管道。

二、排水管道设计

（一）厨房排水管道设置

现代人们家居生活中对于冲洗厨房怎么防水装修地面一般已很少再直接使用其他水泥材料，用清洁剂或抹布就只要能冲洗即可直接冲洗完成对于厨房防水地面的清洁，由于长期使用没有污水管道可以进行补充，水封后的管道内长期存储的地下水以及气体蒸发后来的异味臭气往往可以由于厨房装修地漏水封管道直接进入室内。同时，取消上层户内地漏可有效地避免上层户内地面的水渗漏通过下层排水管的上层支管直接引水进入下层户内而占用使用者的空间。

（二）卫生间排水管道设置

为了不使卫生间污水横管进入下层户内空间，排水管道的敷设一般采用以下几种方式：一是厨房卫生间外墙地面以及楼板不宜下沉，污水处理横管不应设于下沉室内。这种排水施工处理方式对用于进行地下排水管道的日常养护检修施工较为方便，但对于进行检修后的排水管道则十分不易。在实际进行建筑工程污水处理使用监督管理操作过程中，经常还会遇到发生下层住宅楼房或在住户正门靠墙之间做饭或卫生间进行污水处理的时候楼板及上层厨房住户侧墙之间排水发生较大面积渗漏增加渗水量的现象。由于目前我们无法准确深入查找和及时指出上层装修漏水的具体形成原因,上层装修楼的全体住户以及业主目前只能将整个上层楼和卫生间内的下层地面全部积水凿开重新开始进行上层翻修,凿开后才准确发现下沉室内全部积满了上层污水,积水经上层楼的侧面与墙体的裂缝直接渗入下层。分析一下目前产生浴室墙体基层积水的主要的成因及其方法主要有:部分位于卫生间内的墙体位于地面上的墙体防水材料涂层由于未处理好,地面的墙体积水容易出现渗透或直接进入下层墙体上层中沉室;部分位于没有设置给排水孔的墙体管道容易出现墙体漏水或管道渗漏而进入位于墙体上层下沉室的排水室。针对以上各种特殊原因需要及时采取的墙体防水处理措施一般有:一是严格要求施工做好地下一层卫生间内及浴室四周地面的基层墙体内部防水处理涂层施工处理及正在积水下沉的房间浴室四周的基层墙体内部防水涂层处理;同时地下卫生间内所有下水管道内的给排水孔在进入管道内部时均应经严格进行压住排水压力试验并确定压住后若无任何积水并经水压试验后方成功能排水即可开始进行防水暗封带有下水孔的管道,建议在没有积水管道下沉的房间浴室侧面下方还应设置一个管道侧排带有防水孔的地漏,以有效地排除所有管道可能同时发生出现的下水管道内部积水。二是采用侧排方式。卫生间浴室厨房一般采用后出水式卫生间或坐便器,侧排的淋浴盆位于地漏,将一个侧排的淋浴盆或排水盆在整个淋浴间厨房底部进行垫高,各卫生间的排水导管器具通过卫生排水导管横支或排气导管沿线从整个卫生间厨房浴室外墙地面延伸直至厨房墙脚处并沿垂直方向引水到卫生间厨房浴室外墙。器具排水管的排气存水弯、排水管的排气横管及连接排气管的立管等均应直接装设于住宅高层建筑外墙排水入口处。采用这种有效处理积水的方法,可可有效地避免出现下沉式浴室厨房洁具积水的多发性等状况,但是还需应特别注意几点:首先,尽可能地将沉式厨房常用洁具特别是沉式厨房座椅坐便器等物品摆设于沉式厨房洁具靠外墙壁的入口处;其次它还应与当地厨房建筑业的相关专业密切进行沟通互相配合。由于整个建筑外墙排水卫生间的横管及其他排水立管均主要是直接布设于整个建筑整体外墙,它不可避免地会直接影响所涉及的整个建筑结构的外观,因而在建筑整体外墙排水处理方案设计阶段,给排水设计人员将建筑排水管及卫生间内的横管直接布置于整个建筑排水凹槽的出入口处,尽量有效地降低对整个建筑立面的各种负面影响。

(三)地下室、半地下室排水

现代城市住宅建筑设计中,大多都要求建有地下室或半地下室,有些住宅单位将属于地下室、半地下室的卫生间等器具地下排水直接与住宅上部地下排水系统相连后将其排出，或者直接排到室外检查井。因直通地下室、半直通地下室的卫生用水器具和直通地漏的室内排水管道均低于室外室内地面，所以，当室外室内排水管道出现满流或者地漏发生管道堵塞时，造成室内污水大量倒灌，污染户外室内环境，影响室内住户的正常使用。如果室外室内地面排水坡度比较大，也就是可以将室内地下室的室外排水单独直接排至室外室内地面坡度标高处或低于室内地下室室外地面坡度标高处的室外排水检查井，其间的室外检查井排水井盖位置应为双层密封型排水井盖，防止井内雨水连续倒灌。这种施工方式虽然大大耗费了室外排水渠道管材、加大了室外室内排水管道的基层埋深，但是，减少了日常运行维护费用。所以，应经过充分的技术经济比较后选用。

（四）阳台雨水管道的设计

阳台内的雨水地漏应该进行有效的组织性的排放，为了有效杜绝阳台屋面上的雨水从整个阳台外墙溢出，阳台内的雨水地漏应该单独进行设置，阳台内应设置一个无缝排水封闭的地漏，雨水采用立管靠阳台外墙排水敷设。同时为了有效地防止漏水阳台上的地漏漏水泛臭，阳台上的雨水地漏应该尽量采用间接方式排水。

（五）空调凝结水管道的设计

近年来，由于城市住宅区和居住区对环境排水要求的不断提高，不再要求允许卧室空调凝结管节水自由上下散落，污染了内墙及卧室地面，因此在卧室空调机旁边加设凝结后的水进气排水立管，卧室大多数是采用大型分体式排水空调机进行排水，在位于离卧室地面 2.0 米处的空调冷凝管和水进气排水立管，空调机的凝结物排水处理应尽量采用间接方式排水，具体做法同阳台雨水管。

四、消防栓箱设置和消防用水储存

（一）室内消防栓箱的设置

对于采用楼梯箱体单元式的中高层住宅来说，由于楼梯箱体高于平面上和结构安装位置上的特殊限制，消防栓一般来说只需要透明地安设于一个类似楼梯形式高层住宅休息室的箱体平台，安装于此处的安全隐患显而易见：由于楼梯高层休息室的箱体平台使用面积由大变小，住户往往觉得通行不便，特别是在住户搬运一些比较大件的实木地板家具时：如果楼梯消防栓位于箱体的内部棱角突出，对于中高层豪宅住户特别是对于老人以及小孩的建筑整体性和人身安全将肯定会对其构成极大的经济安全隐患。为有效充分解决以上两种安全问题，优先综合考虑对其内部采取各种消防栓箱明显部位分设，即不将其他消防栓栓口明显部位分设，而将消防栓箱内部附属的各种消火龙骨吊带、水枪及其他消火箱体附属配件暗部安装于栓箱设在室外休息室内消火平台的外侧以及墙体出入口处，以有效充分腾出栓箱位于设在休息室的室外平台箱体内部空间。箱体尺寸采用产品尺寸一般用户建议采用箱体尺寸采用 450mm×600mm×200mm。

（二）屋顶消防设备火灾初期十分钟消防救灾水储存量设计

现代大型家庭高层住宅消防用水设计中通常的处理做法也就是将消防前期十分钟内未用完的消防水与后期日常生活中的消防用水直接混合一起并存于一栋住宅楼的屋顶或与后期生活消防共用的一个储水箱中，生活中的消防用水出行时使用的排水管上方还特别设置了一个虹吸消防用水破坏器的出水口以便于及时保证日常生活中的消防用水不被明火破坏或者挪作他用。这样也就能够有效地防止一些天然消防用水因长期不用而慢慢地演变成一种天然死水。因此，应将专用补充水箱消防用水单独设置用于直接设置消防设备专用补充水箱，并单独用于设消防设备专用水箱电池而非补充水箱蓄水池电泵（由于消防专用水表产品质量监督管理系统操作运行方式的需要发生重大改变，不应由消防设施生活设备专用的蓄水泵向消防设施生活设备专用水箱电池补充水箱中直接进行电池补水，这一点容易被消防水表设计部的工作人员所忽略），补充消防用的蓄水泵在取水时候还应从消防设备专用的蓄水池而非消防设备生活用水电泵的蓄水池中直接进行取水。为了有效地防止室内消防设备地表水箱地下管道侧壁中的室内地下水长期不用于供水质量而发生不良恶化，可在室内消防设备地下水箱另一端的侧壁上设置一条排出室内地下水源的管道以便提供住户家庭以及住宅小区建筑绿化、道路消防养护设备用水。

住宅给排水系统虽然看似简单，但它与我们的家居日常生活息息相关。在"以人为本"的设计原则下，住宅室内给水和室外排水的设计和工程施工都应具有更多地域的适应性。作为专业给排水建筑工程设计的从业人员，应本着安全、适用、经济的设计原则，在实践中努力不断创新，将建筑给排水工程设计得更合理、更实际，既能够满足行业规范的设计要求，又能够满足土地开发商和房屋住户的实际要求。

第三节　建筑室内给排水的管道设计

一、当前建筑工程给排水管道施工技术的应用现状

（一）重视程度不足，没有树立正确的施工理念

这是当前建筑工程给排水管道施工过程中存在的最明显的缺陷与问题。虽然给排水管道施工已经被证明了是建筑工程领域中不可或缺的步骤与环节，但是建筑施工建设单位对于给排水管道的施工活动仍然没有给予充分的重视，在施工过程中没有对质量与施工细节

进行严格的把控。这主要是由于给排水管道的施工效果并不是表面的，而是埋在地下的，不会被人们看到，所以建筑施工建设单位也就放松了对给排水管道的施工建设要求，使得建筑工程在完工之后，最容易出现问题的地方就是给排水管道，严重地拉低了建筑工程的整体质量，不利于建筑行业的快速健康发展。

（二）没有建立健全监管体系

当前建筑工程领域在质量监督管理体系的建设方面存在十分严重的缺陷与不足，没有形成统一的规章制度与监督标准。一般来说，建筑工程在总体完工后，会有具体的部门来对建筑工程进行质量检测与验收，这项工作往往是在建筑工程全部施工完成之后进行的。那么这种监督机制就忽略了被隐藏在地下的给排水管道施工。监督验收单位往往会选择性地忽略这方面的检查与监督，敷衍了事，使监督检查工作流于形式。但是给排水管道施工方面存在的缺陷并不是当时进行验收就可以看出其中存在的问题的，而是需要进行细致的检查与勘验。但是当前的建筑工程领域没有针对给排水施工活动的专项检查，使得建筑工程的质量不断下降，不利于建筑行业的快速健康发展与给排水管道施工技术的提升。

（三）技术方面存在的缺陷与不足

当前很多建筑施工单位在给排水管道施工技术方面存在非常明显的缺陷与不足，他们并没有掌握最先进的给排水管道铺设技术，也没有储备大量的掌握给排水管道施工技术的优秀人才，而只是凭借经验来进行给排水管道的安装。同时，建筑施工企业也没有为员工进行专业技能培训，即使开展了培训工作也只是敷衍了事，根本没有起到相应的作用。在这样的环境与条件下，建筑工程单位在给排水管道的施工技术方面存在明显的漏洞，对整个建筑工程的质量产生了十分重要的影响，不利于建筑行业快速健康发展。

二、住宅建筑设计中管道布置与管道选材

（一）给水管道选材分析

住宅建筑给水设计中，较为常见的管材为冷水管、热水管以及饮用水管道。住宅给水设计更加注重材料的基本性能，比如其自身的抗腐蚀性以及抗锈性能；同时还需要充分考虑居民的承受能力，较为常用的管材有 PPR 管、PE 塑料管材等等。冷水管道一般选用钢塑复合管以及 PVC-U 管，室内给水使用 PPR 给水管，在屋面以及阳光直射区域采用钢塑复合管。PVC-U 管需要明铺设，PPR 管道本身厚度要保证，PB 管自身性能和价格比较具有强大优势，因此比较适合酒店宾馆建筑使用。热水管要考虑管道的保温性能，同时需要关注管材保温性能，热水管材有铝塑复合管、PEX 管以及金属铜管。

（二）给水管道布置分析

对于给水管道来说，一般位于建筑外墙或者是其他不影响疏散的区域。在对老城区住宅内部自来水管网进行改造时，不能破坏其自身的原有结构，因此多采用这种方式。给水的立管适用于多层建筑，水表一般在一层水箱内或者是分层设置，主要为了方便抄水表。立管一般都明铺设或者是暗铺设在墙体上，外表不够美观，可能会与其他电路或者是电信管道产生交叉，在施工过程中对专业配合程度要求较高。给水支管一般设置在墙体内部。在建筑砖墙开设管槽，然后抹灰润滑，加入防水涂料，使用管卡进行固定。在施工完毕后加盖玻璃纤维网防止开裂，然后统一进行抹灰，并利用水泥砂浆标记清楚。给水支管的外径如果小于20毫米可以铺设在找平层中，先在地面上开设管槽，采用半嵌入管槽的方式进行铺设。

三、住宅建筑排水管道选材以及布置原则

（一）住宅建筑排水管道选择

在住宅建筑中，排水管道主要是用来收集处理生活废水以及雨水，比如说住宅建筑内部厨房、卫生间以及屋顶的雨水等。目前，在建筑中特别是多层建筑，使用较多的排水管材为PVC管材，也就是指硬聚氯乙烯管材。这种排水管材本身较为光滑，因此排水稳定性较好。但是其也有显著缺点，就是排水过程中流水噪声较大。因此，可以在PVC管材基础上通过改进，如UPVC管材能够有效降低流水噪声。在高层建筑管材选择中，本身对于建筑排水以及防火性能要求较高，因此排水管道一般选用抗震性能较好的铸铁管材，对于雨水排水管材一般采用能够抗冲刷以及抗腐蚀的管材，比如说可以使用UPC管材以及高频焊接管材等。

（二）排水管道布置

对于排水立管，一般设置在建筑物墙体外侧，特别是屋面雨水排水管道以及空调的冷凝管道，一般设置在建筑物的外墙，主要是为了方便施工以及空调雨水的收集，这些管道特别适合对于建筑外立面美观程度较低的住宅工程。在进行排水管道内部设计时，需要考虑到污水清掏作业，因此在管道出面位置或者是一层需要设置检查口。对于一般的铸铁排水立管来说，检查口一般设置间距不超过10米；如果是塑料排水立管，特别是这种管材在高层建筑中使用，一般要保障每6层有一个检查口。排水立管一般设置在管道井中，需要与其他管道互相规划协调配置。排水管道自身在使用过程中会产生噪声，因此需要在管道井中设置检查门，目的是减少排水的噪声，但是这种做法会增大住宅建筑的公摊面积，因此比较适合对于住宅标准要求较高的建筑。排水立管一般采用明设或者是管道包装的方

式。主要靠近卫生间或者是厨房的阴角位置，在进行装修的过程中，一般将其进行隔音和隔污包装处理。空调管道也要进行铺设，管道的材质可以选用滤管，印制 PVC 管道。排水的管道尽量不要设置在室内或者是靠近卧室的内墙中，如果必须要设置在其中，应该采用能够降低噪声的管材，同时应该进行隔音隔污包装处理。

第四节　室内给排水系统的噪声问题

应居民的要求，为了给居民提供一个没有噪声污染的生活环境，在住宅设计装修时工作人员比较重视对室外噪声的控制。然而室内给排水的噪声控制这一内容往往被居民以及设计装修方忽视。

一、室内给排水系统噪声问题的产生原因

（一）流水

流水噪声产生于水流在给水管道中的流动，是给水管道噪声中最常见、影响最大的噪声来源。当水流流过给水管道，会与给水管道摩擦或者引起给水管道的振动，摩擦与振动就带来了流水噪声。因此，摩擦与振动越剧烈，流水噪声也就越大。而水流断面大小的改变、水流方向的改变无疑会加剧水流与供水管道的摩擦与振动。当水流流经弯管接头、十字形管、异径管等管道交接处，水流方向发生瞬间改变，快速流动的水流冲击着管道，使得管道产生剧烈的振动。因此这些管道交接处是产生流水噪声的密集区。根据流水噪声产生的原理，不难得知流水噪声随流速和局部阻力的增大而增大。

（二）气蚀

气蚀噪声是由气体产生的爆破音，一般产生于集中热水的下行上供最高出水口处。供水管道中的水并不是纯净水，溶解了大量的气，这也是气蚀噪声中气的来源。由于空气溶于水受温度和压强的影响很大，因此气蚀噪声的产生与控制也与温度、压强关系密切。温度升高时，空气在水中的可溶性降低，管道水中的大量空气被释放，形成气泡，气泡聚积形成气团，给输水带来阻碍。在供热水的管道中，流经管道的冷水因加热而温度升高，气泡释放，气团快速产生并运动，在集中热水的下行上供最高出水口处气团爆裂并产生噪声，同时管道内的液体快速移动填补气团爆裂后的空缺位置形成气穴现象，气穴现象伴随着瞬间的流水冲击，金属管道被高频击打再次形成噪声。

（三）振动

振动噪声是因管道振动而产生的，按照管道振动产生的原因又分为水流激励引发的振

动和机械传递振动。管道本身是不会发生振动的，水流流动，在关闭出水口的阀门时，管道中的后续水流的前进能量没有耗尽，依然会向前冲击阀门，还在流动的水流会在短时间内耗尽它们的前进能量，对阀门产生一个较大的压力，由于冲击振动带来了较大的噪声，同时具有相当的破坏力，这样的现象也叫正水锤；相反，突然打开阀门时为负水锤。机械传递振动引发的振动噪声源于泵组，泵组本身运作的时候就有很大的噪声，之后与其相连的管道也会沿着管壁将振动传递下去。

（四）排水横管与立管噪声

排水横管的噪声是排水管道常见的噪声，产生的原因是排至横管的水流冲击横管壁引发噪声。此外，排水横管中还会有因水封冒气泡而产生的噪声。排水立管的噪声是因为排水立管中水流的流速与方向的变化更加复杂。从排水横管流入排水立管的流水会形成水舌，其在下落过程中在重力与气压的作用下又会形成气塞流以及旋转水膜，在这些变化过程中，立管的气体、水流、排水立管的管壁不断碰撞，都会产生噪声。

（五）卫生器具排水

卫生器具处的管道变化复杂，瞬间排水量大，一般还会有固液气三相混合作用，容易撞击管道而形成噪声。

二、室内给排水系统噪声问题的解决对策

（一）控制给水管中水流的流速

给水管道中的噪声虽然产生的原因、发生的位置不同，但是基本上都与水流的流动速度有关。一般来说，水流速度越快，产生的噪声就越大。即使将水流速度控制得慢一些可以很大程度上抑制给水系统的噪声，但是过慢的流速也会给居民生活带来不便，如何合理控制流速，兼顾日常用水与防止给水系统的噪声是需要不断探索的问题。供水管内的流水速度与水头压力差、管径大小有关。因此。相关人员可通过控制管径大小、水头压力差来对水流速度实现控制。对于高层住宅来说，高层与低层的水头压力差相差太大，低层水压很高，水流很快，可能会有水锤、管道振动的产生，而高层水压太低，正常用水都会受到影响，因此需要对高层住宅进行压力分区设计，兼顾不同楼层的需求，还要符合经济合理的原则。

（二）合理安装管道

供水管道的噪声大多是管道振动引起的，因此也可以通过消减管道振动的幅度来减小噪声。首先，采用密度更大的供水管道可以使管道在相同的水流冲击作用下振动幅度更低、噪声更小。相同地，管道支架安装牢固也可以降低管道的振幅从而减小噪声。在支架与管

道的接触位置用橡胶垫缓冲也可以起到同样的效果。其次，还应该想办法减少管道振动的传递。比如装设可曲挠橡胶接头可以在很大程度上减少管道之间的振动传递。

（三）合理选用排水管材

不同材料对于噪声大小的影响非常大，以前常用的是铸铁管，质量重、易腐蚀、阻力大、价格贵，后来随着建筑业的发展和材料的更新，普通 UPVC 管很好地弥补了这些缺点，并很快取代了传统的铸铁管。然而从噪声控制的角度来说，普通 UPVC 管取代传统铸铁管是一种退步。为了控制噪声，性能更好的 UPVC 螺纹管应运而生。

（四）做好卫生间噪声控制

要控制卫生间的噪声首先应该控制其产生的噪声大小，这与其水路设计关系密切。一般来说，虹吸旋涡式坐便器通过虹吸和旋涡进行排水，噪声控制得最好；而冲落式的坐便器结构最简单，原理也最简单，单纯依靠水的落差形成冲力，噪声也更大。此外，从噪声传播的角度来说，在设计上卫生间坐便器应该布置在与卧室不相邻的墙壁一侧。

为了给居民提供安静良好的生活环境，使居民可以得到充分的休息，构建健康的声环境，室内给排水系统的噪声控制必不可少。虽然目前噪声控制得到了行业越来越多的关注，但是室内给排水系统噪声的产生是一个复杂、涉及多方面、难以彻底解决的问题，需要从业人员不断研究改进，从材料、设计、施工等多方面尝试更进一步控制室内给排水系统的噪声。

第五节　建筑室内给排水的消防设计

给排水消防设计在建筑工程施工过程中可谓起到了至关重要的作用，室内给排水消防系统设计也能够为以后的工程打下基础。如今建筑工程的技术性越来越高，工程的复杂性也同样越来越强，这就对室内给排水消防设计过程提出了更高的要求，这对于我们来说无疑是一种挑战。只有加强自己的专业知识，并且对建筑工程场地进行实地考察，才能够真正做出好的设计。

一、建筑室内给排水消防设计的现状

随着社会的快速发展，建筑行业也迎来了长足的发展，在市场经济发展如此快速的情况下，室内给排水工程也紧跟上了脚步。关于室内给排水项目的竞争是非常激烈的，因为建设的项目较少，并且给排水企业又较多，所以对于这个市场就难免存在着很大的竞争性，并且由于室内给排水投资的项目一般都有非常大的规模，在人力、物力、财力方面都有着很大的消耗。主要的给排水项目工程都在较大的建筑群或者小区之类的项目中进行。

近些年来，新型材料不断更新，建筑室内给排水消防设计项目在质量方面相比原来可谓是突飞猛进，但是因为我国建筑室内给排水消防设计对于新型技术还不能够熟练使用，就难免会出现很多的质量问题，在工程投入使用之后，会对工程的使用造成很大的影响，由于工程的规模足够大，所以一旦出现安全问题，将会酿成非常严重的后果。由于投入使用的城市项目都处于人员密集地，本节将对建筑室内给排水消防设计项目的质量和安全问题进行分析。

二、室内给排水目前遇到的问题

（一）室内给排水目前的通病

1. 图纸设计阶段的控制工作

在整个工程中，最影响结果的并不是建筑室内给排水消防项目施工阶段，而是在对图纸进行设计和规划阶段，以及关于图纸可行性的讨论和整个方案的认证阶段。在这一阶段中尤其需要专业知识储备量足够并且责任心极强的专家来负责商榷设计师的设计方案的合理性和可行性。这些元素都要实际的确认下来，因为这些方面在后面合同的讨论中是非常重要的一环，也是证明建筑室内给排水消防项目管理合理性的第一步。

2. 强化施工阶段的控制

工程施工阶段是在这个项目中，耗时最长花销最大的一个阶段，这个过程可能会遇到很多事情，比如图纸的变更，材料的转换，所以说报价并不是一成不变的，也会随着工程的变化而发生变化，同时建筑师也要根据工程的变化改变花销，尽量避免雷区，减少花销，减少不必要的开支。

3. 做好招标时期的管理工作

招标时期的建筑成本管理环节，是整个工作中非常重要的一个环节。在这一环节中需要相关的工作人员进行相关的工作以及对于招标文件的审核，确保工作结果能够与工程的预想效果一致。另外对于审核招标文件的这批工作人员要加强培训，严格地按照规定的要求进行评审，从而最快速最便捷地选出最需要的合作伙伴。

4. 工程结束阶段的管理

工程结束的时候就进入了交工环节，也就是最后一步的考核环节了。这一阶段主要考核了工程建设是否能够符合要求并且按照预想的规划来一步一步做，结果是否符合预期，也是最后一个可以控制项目成本的环节了。在这一阶段中，需要各个部门之间的相互配合、相互审查，配合完成最后一个阶段的工作。

5. 建筑物消防系统的设计问题

在我国，建筑的防火设计主要是针对消防栓的设计，室内消防系统的主要质量问题是水压和运行。许多建筑物的消防栓已经不能被居民所使用，那么居民在遇到火灾时就非常被动，很容易发生危险。消防栓设计中的主要问题是在设计减压阀时，设计人员没有做出合理的分区，使用了稳定的减压消防栓，但大多数的房屋建筑设计都忽略了孔板和孔径的计算。这导致无法合理地控制消防栓的水压，在灭火时容易造成一定的安全隐患。

（二）室内给排水质量通病形成的技术原因

1. 施工人员的素质较低

因为我国的建筑工地劳动力主要来自农村，普遍受教育程度较低，没有经过专业性的培训，对于过于专业的技术和图纸分析不能够准确掌握，会对工程的质量造成影响。

2. 设计不合理

设计人员往往对现场的地理情况不够了解就开始进行设计工作，并且在进行设计的过程中经验成分太大，不能够针对专项的工作用途进行专门的设计，不具有实用性，而出现过多不必要的设计。这样会在很大程度上提高我们的工程造价，并且造出的建筑不具备过强的功能性。

3. 材料质量不佳

在工程施工选料的时候，一味地追求降低造价，没有进行严格的质量控制，对于所需原材料并没有找到最适合的，会在质量方面出现问题。此外材料商为了牟取更多的利润，会以次充精，使用假冒伪劣产品进行售卖，导致工程容易出现质量问题。

三、强化室内给排水施工管理的措施

（一）强化施工质量管理工作

在建设过程中，应该加强质量管理工作，使整个工程在使用材料和施工工艺方面都能够达到质量标准要求。在对材料的质量进行监管时，我们要对所有的施工材料进行逐一的质量检查，确保施工材料能够非常好地达到质量标准和符合我们的施工要求。这一阶段我们要配合监理一起进行工作，在对所有的标准检查，确保准确无误的时候，就可以开始进行材料入场了。我们坚绝不会容忍任何一个不达到标准的材料进入施工场地。在施工工艺质量控制方面，要非常负责地对待施工中所使用到的每一种工艺和技术，我们要对甲方室内给排水方面负责，确保所有的施工步骤都按照设计说明进行，保障工程质量。

（二）做好建设工程质量检测工作，提升质量管理工作成效的基本途径

通过培训教育体系提升建设工程质量检测人员的综合素质和技能水平。建设工程质量检测最基本的要求就是，质量检测人员的专业知识和技术基础要过硬，起码要保证所有的工作人员都是持证上岗，坚决不允许弄虚作假。应该从单位到个人，贯彻每一个工作人员都要有极高素养的培养方针，通过各种规章制度来约束每一个工作人员以及工作单位，这不仅仅关乎个人，还关乎整个工程的质量以及安全。

积极引进新技术、新设备、新方法，淘汰落后的设备设施，及时更新观念。科技是推动工程质量监测的重要基础，我们要积极引进新技术，对于老旧保守的观念要进行摒弃，及时地掌握新的观念，让员工掌握更多的新技术，这样我国的建设工程才会走在世界前列。为了避免建筑因为质量而出现安全问题，就应该在建筑开始施工的时候对建筑进行监管和质量上的控制，如此才能够真正从源头上控制住安全隐患的发生。在建筑进行施工之前，对于所有工作做好监理，并且一定要保证所有的手续全部齐全，得到相关部门的批准，通过工程承包部门填好建设工程开工申请报检表，通过质量监理工程人员的审核与批准，才能正式地开始建设工程的施工。在进行建设工程施工时，为了使得整个工程在最大限度上降低工程造价且提高工程质量，建设质量管理的工作功不可没，需要建设质量管理有效地提高施工质量，这样才能使得工程质量增高，经济效益最大化。

综上所述，室内给排水管理不光和市政部门息息相关，就连在对我们工程的质量提升方面都有着卓越的贡献，我们只有对建设过程进行严格的控制和管理，才能够保障工程质量安全。为了提升居民的生活幸福度，必须对我们现有的技术做出改进，并且在这个基础上继续发展，努力为我国的室内给排水行业技术添砖加瓦。

第三章 室内采暖系统安装

第一节 城市采暖供热系统及其形式

随着经济的发展、人们生活水平的提高和科技的不断进步，采暖供热形式及系统也逐渐得到发展和完善。19世纪末期，在集中供暖技术的基础上，开始出现以热水或蒸汽作为热媒，由热源集中向一个城镇或较大区域供应热能的方式——集中供热。目前，集中供热已成为现代化城镇的重要基础设施之一，是城镇公共事业的重要组成部分。如何对建筑内供暖系统进行最优化、最节能的选择成为当前需要研究的一个课题。笔者根据自身的工作经验，对采暖各系统的特性及适用性进行粗浅分析。

一、城市集中供热形式简介

（一）热电联产供热

以热电厂作为热源的供热系统称为热电厂集中供热系统。由热电厂同时供应电能和热能的能源综合供应方式，称为热电联产（也称为"热化"）。热电厂内的主要设备之一是汽轮机。汽轮机驱动发电机产生电能，同时利用做过工的抽气供热。热电厂的热能利用效率远高于凝汽式发电厂，其热效率可达70%～85%。所谓热电联产供热主要是指在产电的同时又产生热能的一种能源有效利用形式。这种供热形式的出现有效地增强了我国能源的利用效率并且成为城市集中供热的一种经济、清洁的热源利用方式。热电联产要比热电分产的方式更节能。通常情况下，一般的大型火力发电厂的理论热效率在41%左右，但是实际运行起来仅仅可以达到32%～35%。然而实行热电联产后，对于热效率的理论要求是在45%以上，但是实际运行以后可以达到61%甚至更高。

（二）大型集中锅炉房供热

大型集中锅炉房供热是指整个城市或者是城市中的几个社区共同由一个大型的锅炉房进行供热，采用二次热网的供热方式，在热网中建立换热站，这时外部热网的规模就会增加，通常情况下这样的供热面积可以达到几百万平方米。一般情况下，根据锅炉使用燃料的不同可以将锅炉房分为以下三种：（1）大型燃煤锅炉房；（2）大型燃气锅炉房；（3）大型燃油锅炉房。供暖所采用的大型锅炉其容量都在 14 兆瓦以上，同时锅炉的额定蒸发量都在每小时 20 吨以上。这种供热的优势不但可以单独地完成对城市的集中供热，并且还可以将这种供热系统与热电厂的供热系统进行联网或者是联合运行，这样可以将集中供热系统作为热电厂的调峰锅炉房，可以有效地增加热电厂的经济效益。

（三）区域集中供热

给小区供热的锅炉房，也就是我们平常所说的小型集中供热锅炉房，主要是给一个小区中的几栋住宅供热的。通常情况下，这种锅炉房的单台炉的容量都会在 14 兆瓦以下，其额定蒸发量在每小时 20 吨以下，而且锅炉都会与用户直接相连。这种小型锅炉房的使用主要是为了解决由于城市集中供热发展落后于城市扩张的步伐所带来的新建小区无法供热的问题。

（四）利用地热泵对用户进行供暖

地热具有两种价值，一种是热的价值，而另一种则是水的价值。在采暖用水以及生活用水方面，地热有着非常强的优势，并且这种供热方式在北方地区得到了快速的发展。通常情况下，地热的参数都比较稳定，主要具有以下特点：（1）可以全天候地进行地热的开采；（2）地热的使用非常方便；（3）地热的使用安全可靠。在使用地热的时候，通常采用综合梯级利用的方式，一旦出现温度较低的情况时，就会使用地热泵对热量进行补充。并且在使用地热的过程中必须要注意两点：一是必须进行地下水回灌；二是避免地下水出现污染情况。

二、室内采暖供热系统

（一）普通热水采暖系统

人们为了生产和生活，要求室内保证一定的温度。一个建筑物或房间可有各种地热和散失热量的途径。当建筑物或房间的失热量大于得热量时，为了保持室内在要求温度下的热平衡，需要有供暖通风系统补进热量，以保证室内要求的温度。供暖系统通常利用散热器向房间散热，为房间提供热量。从而散热器的布置方式又值得人们讨论。室内采暖系统以及散热器的形式也在不断改进。现阶段我国所使用的室内采暖系统散热器种类非常多，并且在不断发展。

1.垂直单管系统

垂直单管系统是一种较为常见的采暖系统，称为单管上供下回式。这种采暖系统经常被用于多层楼房的采暖。在多层楼房的顶楼设置供水的横管，然后一根立管从顶层一直贯穿到底层，将各个楼层的供热管线串联在一起，热水从顶楼向底层流，水温随着楼层的下降而随之降低。这种采暖形式的缺点是每个房间的温度都是不可调节的；其优点就是施工简单，同时建设成本较低。笔者在中冶辽宁德龙钢管有限公司 ERW 二期项目综合办公楼设计中就采用了这种方式，并且取得了很好的效果。

2. 垂直双管并联系统

这种系统的管道主要使用的是镀锌管或是水煤气输送钢管，并且可以在每一个散热器的管道入口处都安装截止阀对水流量进行调节。这种系统主要分为以下几种形式。

a. 下分双管异程式：当首层地面下具备设置管沟或地下室顶板下具备敷设供回水干管的条件时，下分双管异程式常用。特点：异程式系统。主要缺点是：需要在顶层散热器上端排出空气。

b. 下分双管同程式：当顶层顶板下具备敷设供水干管的条件时，也采用双管同程式系统。特点：同程式布置，似乎具备水力平衡的条件。笔者在辽宁海正工业设备有限公司综合楼及厂房项目中的采暖系统设计中采用了这种方式，供热效果较好。"

c. 下分三管同程式：当顶层顶板下不具备敷设供水干管的条件时，有时为了采用对水力平衡似乎有利的同程式系统。可以增设一根回流管，称为下分三管同程式。

（二）地板辐射采暖系统

建筑低温地板辐射采暖系统同时兼具传统的优势及新特性。这种采暖方式拥有对流采暖系统不可达到的优点。但同时这种采暖方式也有一定的弊端，那就是在建设过程中投资较高，所以至今发展较慢。

随着科技的不断发展与进步，城市采暖供热系统及其形式还会得到不断的发展与创新。当前，具有抗老化、耐高温、能承受较高压力的交联管材以及轻质隔热保温材料的问世，更将促进城市采暖系统的快速发展。

第二节　室内采暖系统的管道安装工艺

采暖管道的施工工艺措施一般为：首先进行预制安装和卡架安装；其次进行干管、立管、支管安装；最后是管道的试压、冲洗、保温和防腐处理。对于普通室内采暖系统管道的施工材料而言，通常选择无缝钢管或碳素钢管，应避免钢管出现生锈、弯曲和表面凹凸的现象。在选择管件时，应剔除那些有偏口、乱扣、角度不准确以及断丝的管件。在选择阀门时，要选用角度正确，没有裂痕损伤和毛刺的。在进行采暖管道的安装施工前，检查选用管材的标识说明及合格证书等，要对管道材料进行认真严格的强度和严密性测试，为日后工程质量打好基础。

一、管道的安装

（一）干管安装

首先，干管从入口或分支点开始，安装前做好必要的卫生清洁工作，清理杂物并做好管道的调直等工作。然后进行干管的吊装工作。在进行沟内干管安装时要先清理干净地沟内部的杂物，在还未盖好地沟的盖板之前把拖吊卡架安装到位。进行楼板下及顶层的干管安装施工时，其立管的安装必须在地面标高确定后方可进行，且支管的安装必须在墙面的抹灰处理好之后才可以进行。在地沟、地下室、技术层或顶棚内，要按坡向和卡距把吊卡调整妥当，然后将管子布置在管卡内，做好初步的固定工作，调整坡度时将螺母拧紧。对于托架干管，也是先按坡向和卡距调整固定妥当，将管子依次布置于管卡内，做好稳固和调整。要注意管道在穿墙前必须先套好套管。支架和吊架的安装调整过程中，必须朝热位移的方向偏移二分之一的热收缩量。做好坐标、标高、甩口位置和变径的检查，确保无误，确保直管道无弯曲。另外，要依据管道的连接方式，采取相应的操作规程施工。杜绝在距支架、吊架 50mm 以内的位置上设置焊口。对于隐蔽安装的干管，必须严格按设计和验收规范对单体压力进行测试，并办理隐蔽检查和分项验收的手续。

对于断管、套丝、上零件等的干管安装工序，依据施工图要求和说明进行管段的加工预制。卡架在安装过程中，要注意严格执行设计要求和规范所示的间距。托架上的管道安装时，要先将管道在托架的上面放置好，再进行管道安装，安装第一节管，再安装第二节管，以此类推。此外，还需要引起注意的是，分路点与分路闸门之间的距离应适宜，避免过远。若分路的地方处于系统的最低点，则必须在分路闸门之前加泄水丝堵。在风道和烟道处不应布置采暖管道或避免采暖管道的穿越。在吊棚、地沟等其他非采暖房间里布置的采暖干管要做好保温措施。波纹伸缩器应该按照规范的要求位置安装好固定支架和导向支架，同时还要安装好集气罐、阀门以及自动排气阀等相关设备。

（二）立管安装

立管安装前，先将吊线和卡子安装就绪，保证预留孔洞的位置是垂直的，然后将预制好的管道运送到位。在安装立管之前，首先卸下阀门的盖子，按照编号的顺序从第一节开始依次安装。安装时注意检查立管的每一个预留口的方向和标高是否平正，松开管卡，将管放入卡内固定好，扶正钢管套，做好孔洞填堵，注意临时封堵立管上的预留口。如果出现立管与支管相交现象，在立管上煨制弓字弯使立管绕过支管。

普通室内采暖系统，应从下部的干管预留立管甩头开始，自下而上进行安装，而对于上供下回式采暖系统，则要从顶层的室内干管上预留口开始，自上而下进行安装，要保证施工期间有两个人来互相配合进行操作。进行立管安装之前，要首先对各层预留孔洞的中心线或管道井内的立管测绘线是否在垂直线上进行检查，模糊的立管测绘的安装画线会影响施工，必须予以重新弹线。然后根据相关规程和技术措施，在立管安装画线上进行钻孔、裁管卡等操作。立管在穿越楼板时也必须先套装套管，摆正后，应保证套管上边缘高出地面面层 20mm，下边缘保持与顶棚抹灰面平齐，对于湿式房间，套管则要高出装饰地面找平层 50mm 以上。管卡安装要注意，安装在同一个房间内的管卡高度应基本相当，若散热器支管长度超过 1.5m，应在支管中部装一管卡。要认真检查核对立管上每个预留口的标高与角度的准确性。从第一节管子开始用线坠或调直杆工具找好垂直度，将套管扶稳固定，做好套管与楼板间隙间的填塞，将裁好的管卡松开，在管卡内布置好立管，最后拧紧管卡螺丝。

（三）支管安装

支管的安装。首先要确保立管的预留口位置以及散热器的安装位置正确。为保证视觉上的大方美观，要使暗装、半暗装的散热器灯叉弯与炉片槽墙角相适应。用量尺对散热器的安装位置及立管预留口甩头进行检查确保其安装准确，支管穿墙时先套好套管。支管与散热器可通过柔性接头连接，也可通过灯叉弯与活接头连接。如果在现场进行灯叉弯的煨制，要先将管段一端套出丝扣，抹好铅油、缠紧麻丝、旋上活接头公口，再把短接的一头也抹好铅油、缠紧麻丝、旋入活接头母口，按实际量出的尺寸进行断管、套丝、煨灯叉弯；煨制过程中用样板检查其弯曲度。要对预制好的管段在立管和散热器之间进行试安装操作，若存在弯度不当的现象，要用焊炬加热或用弯管器调整角度，弯曲点必须在丝头 50mm 以外处。用钢尺、水平尺、线坠等工具对支管的坡度和距墙的水平尺寸进行校核，并对立管及散热器有无移位进行重复检查。确保正确合格后方可将穿墙套管固定好，并用水泥砂浆等材料填堵好套管与墙间缝隙。

二、管道的冲洗及保温

试压冲洗：将水注入所需测试的采暖管路系统中（为使积存于管道和暖气片中的空气排放干净，要将各高处的系统排气阀开启）。系统灌满后停止注水，关闭进水阀和排气阀，然后拧开电动打压泵旋塞阀向管路系统加压，对系统压力逐渐上升的情况进行观察。试压的过程中要做好加压控制，加压到一定程度的时候，停止操作，开始认真详细地检查管路系统，在没有异常状况出现的条件下，方可继续增压测试。

防腐保温处理：首先进行管道清洁工作，清除浮土灰尘、污垢锈蚀，对于锈蚀，通常可采取人工除锈，可利用小铁锤对管路或设备进行敲击或利用钢丝刷清除，然后用钢丝布对管道上的污垢和氧化皮进行清洁，合格的标准就是管道已经展露出金属光泽。在完全看到管道金属色泽时方可进行喷漆。对于保温处理，要严格按照要求使用相应保温材料。目前最常见的管道保温是在聚氨酯保温瓦的外面绑扎玻璃丝布。在施工前，先用保温瓦做好管道的捆绑，并用玻璃丝布缠绕在管道外部，要保证缠绕的有序和平整，尽量避免捆绑中出现褶皱。另外，为了杜绝松动和脱落的现象，要用铁钉在末端较好地固定。

第三节　室内采暖系统分室控温技术

我国计量收费的供热系统多半是根据国外国家的分室控制进行制定的。但是国内的水质环境、运行模式、管理方式等方面与国外还是有很多差异，同时国内用户的生活习惯和消费理念也不一样，供热系统的计量收费还需要根据我国国情进行修改制定。由于供热系统的设备价格昂贵，设备的运行也需要很多的费用，所以合理的室内采暖系统技术才能节约成本，在一定程度上不造成没有必要的浪费。对室内采暖系统运用分室控温技术，不但能达到节能的标准，对以后的室内采暖系统的改进也有很大的帮助。

一、室内采暖中垂直单管跨越式系统

我国现有住房的结构基本上很多是公寓式，室内采暖系统主要是上行下给的垂直单管系统，这种系统形式简单、造价低廉。但是用户无法自行地对室内温度进行调节。根据住宅的调查分析，垂直单管流式系统对住户的供暖最不利。因为这种供热系统会导致垂直失调，楼层与楼层之间形成温差，最高层与最底层之间的室温差距很大。现在的新住宅主要是采用在散热器上安装温控阀的方法，通过温控阀对散热器的流量进行调节，从而控制散热器的散热来控制室温。

由于在垂直单管顺流系统中，水量从一组散热器全部流经下一组散热器，每组散热器因为在不同的楼层，所以就无法安装散热器温控阀。如果将供暖系统改造为跨越管和恒温阀的垂直单管跨越式系统，通过跨越管和恒温阀的添加，便可以通过温度对阀门的控制来控制温度。

恒温阀是一个新型的阀门，代替了普通的冷热调节水阀，它是一个装有液体的波纹膜盒，当室温比设定温度高时，液体就会蒸发变为蒸汽，蒸汽会压挤小阀门，使小阀门的开度减小，这样就会使散热器的水量流入减少。波纹管弹簧推回就会使阀门开度变大，增加散热器的水量，这样就会保证室内的温度不超过设定的温度。如果调节室内的温度不是通过恒温阀，而是通过手动调节阀来调节，那就不会像恒温阀一样，自动的通过温度自行调节室内温度，浪费很多能源，同时立管阻力系数也会受到影响，造成水力失调。

跨越管通常比立管管径小，与散热器并行连接，在散热器一侧安装适合系统的恒温阀。室内热量的计量则是通过在散热器上的蒸发式热量分配表来实现的，供暖时，记下分表和热力入口总表的初始读数，供热结束时，再次记下各表的最终读数，可以通过两次读数，算出用户所用的热量和需要交纳的费用。

单管系统的定流量特性，不适合分室控温的要求，室内单管系统的改造也只是安装跨越管、温控阀来提高用户的室内温度的调节，但是这些措施在实际的运用时并不是很理想，不能达到系统预期的效果。所以为了让供热系统稳定，需要在安装跨越管、温控阀的基础上添加一些辅助措施。主要包括以下几个方面：a. 根据室内采暖情况选用适合系统的散热温控阀，以保证系统内流通能力更强。b. 由于室内采暖系统压头偏小，需要采取提高立管的设计压降等措施。这样可以增加室内采暖系统的稳定性，也有利于集中供热系统的平衡。c. 温控阀的温度如果设定过低，就会对系统水利工况产生较大的波动。所以在用户入口需设置循环泵，避免过低的温度设定，用来保证用户的流量。

二、水平双管系统

双管形式管材比单管形式多，虽然材料上需要的多，但是分室温控的性能要比单管系统好。双管系统每组散热器上设有温控阀，用于用户对室内温度的调节。系统可以分为上供上回式、上供下回式、下供下回式。下供下回式双管系统的性能好，可以实现分室控温技术，因为其竖向无立管，不影响装修效果，所以现在被用户普遍采用。

三、地板辐射采暖系统

地板辐射采暖系统的设计以热负荷为基础，以分室控制为目的，为了保证每个房间的温度及调节，就不能以管长相同为原则来设计。在设计上应注意系统环路要严格按照分房间的布置方式，对每个房间的环路根据热量、水量和阻力进行计算，适当地修正环路布置。对于不同的分水器，计算其阻力损失最大的环路的压力损失，并根据分水器样本对每个环路流量调节阀的整定值进行计算。大幅度提高室内的舒适度可以通过分室温度自动控制来实现，地板辐射采暖不但可以满足室内分室控温，还可以使温度调节更加方便灵活，实现地板采暖的分室自动控制，使采暖系统的的应用变得更加合理和完善。

四、垂直双管系统

新型的双管系统不同于传统的双管系统，系统包含一根供水管和一根回水管为用户的共同立管，立管在楼梯间的管道井内。每个用户家里则可以设计独立的环路。而传统的双管系统因为各层存在不同的循环作用压力，会引起的水力失调问题，从而使双管系统的应用范围闲置。

垂直双管系统每单元每层设有一个总锁闭阀，散热器支管上设有温控阀，通过温控阀调节散热器流量，使其流量保持稳定，每组散热器在单独调节时互相不受影响，用户之间彼此不会受到干扰，双管系统的调节性能强，且有节能的作用。

本节基于对室内采暖系统分室控温技术的研究，分析了室内采暖中垂直单管跨越式系统、水平双管系统、地板辐射采暖系统和垂直双管系统的分室控温技术，综合得出旧的垂直单管系统需要加装跨越管和温控阀来改造实现分室温控。面积大，房间多的用户住宅可以采用双管系统。如果不考虑投资费用，只考虑管材和施工工艺的话，则可采用地板辐射采暖系统。各个系统的技术分析，对室内采暖系统分室控温技术研究有重要的意义。

第四节　室内采暖系统的节能改造

现代室内采暖系统主要由 3 个部分组成，即热源管网、围护结构、室内管网，这三个部分与室内采暖系统之间都含有直接或间接的关系，当任意一部分出现缺陷，都可能带来较大的能耗，所以为了实现室内采暖系统节能改造，需主要围绕这三点来展开工作。同时，关于室内采暖系统节能改造，也不能忽略整个系统的建设材料问题，即在理论上，要降低系统能耗，应当重视节能材料的应用，对此本节也将进行相关分析。

一、室内采暖系统结构分析

现代室内采暖系统在内部结构上各有差异，但大体来说包括热源管网、围护结构、室内管网。其中热源管网是一种利用电能，对其他可燃资源进行应用，使其产生热量后供给到用户处的结构，是整个系统体系内，能耗最直观、最大的部分；围护结构是指房屋内部空间，当内部空间密封性表现不佳，就会出现热量大面积流失的问题，此时为了满足供热需求，需要延长系统运作实现，间接出现大量能耗；室内管网是连接热源管网，将热量输出到室内空间的结构，对采暖系统的功率输出有实际控制意义。同时关于室内采暖系统各结构的制作材料，其同样与系统能耗有关，即材料质量不佳，可能存在管道密封性、保温性方面的性能缺陷，引起热量流失，相应能耗上涨。综上，室内采暖系统节能改造，应当围绕热源管网、围护结构、室内管网以及材料应用来开展相关工作。

二、室内采暖系统节能改造

（一）热源管网节能改造

在现代室内采暖系统结构特征上可见，其热源管网大多为循环结构，对此本节认为，可以针对循环结构上的所有供电点进行改造。改造措施方面，针对原有的半自动系统，可借助现代自动化技术进行优化，使其转变为自动化系统，同时为了确保自动运行的可控性、可靠性，加装变频装置、流量控制装置、室内温度监测系统以及双向信息反馈线路。在此改造方案条件下，系统能够依靠室内温度监测系统得知室内温度高低，再依照用户自行设定的阈值来判断是否需要供热，即当室内温度低于设定阈值，则判断需要供热，这一信息主要由双向信息反馈线路发送到系统终端处，激活系统运行。在运行过程当中，系统同样可以对室内温度进行监测，根据室内温度实际变化与阈值的差异，来控制采暖系统的运行逻辑，控制功能由变频装置、流量控制装置来实现，此两项装置中应当围绕节能原则设定相应逻辑，以保障系统能耗合理，降低能源浪费量。

此外在大视角下，现代区域性采暖系统存在供暖能耗统一化的问题，即无论室内温度具体表现如何，均采用统一标准对区域内所有用户进行供暖。这一表现忽略了供暖需求之间的差异，如果某用户室内温度与阈值之间的差异不大，统一标准供暖势必带来多余能耗，因此其需要进行改善，可以在上述自动化热源管网节能改造方案基础上，区域性采暖系统运行，根据需求对供暖标准进行实际调整，排除多余能耗的问题。

（二）围护结构节能改造

房屋围护结构与采暖系统能耗之间虽然没有直接关系，但从具体表现上来看，其造成的能耗问题值得引起重视。在围护结构节能改造角度上，可以围绕室内建筑传热、结构密封性来进行改善，具体来说针对室内建筑传热，可以采用中空式墙壁来改造设计，在此设计条件下，室内的温度不会直接顺延外部，说明该设计具有保温功能，可延缓室内温度的流失；在结构密封性角度上，即使在房屋围护结构本质要求下，其密封性不可能达到一个较高的水准，但为了起到保温效果，有必要针对结构上一些不必要的分析进行改善，如窗台框架缝隙等，此类缝隙会给室内温度流失提供渠道，加快温度降低的速度，同时外部的冷空气也可以通过该渠道进入室内环境，造成相同的影响，对此如果消除这一表现，即可降低采暖系统运行需求，相应能耗也得到了控制。

（三）室内管网节能改造

室内管网结构作为热量供给的直接途径，其与室内采暖系统的能耗之间有着直接关系，在节能改造方面，结合理论了解相应措施，即可提高供暖热效率。提高供暖热效率方面，主要通过设计工作来减少管网内的弯曲，且针对必须弯曲的部位，将其角度设计为最小，此举可以降低热能在供给传输过程当中的消耗，提高传输效率，以更快满足用户供暖需求，缩短供暖时间。

（四）节能材料应用

在整体室内采暖系统上，其任何部位的材料都与能耗有密切联系，如其管网材料的密封性、保暖性能表现不佳，会导致热能在供给过程当中出现较大流失，所以有必要进行改善。在现代技术背景下，许多室内采暖系统管网材料已经得到了优化，具有节能意义，此类材料被称为"节能材料"，如果采用此类材料建设室内采暖系统，可以在整体上实现节能管控。

三、室内采暖系统节能改造施工要点

要确保室内采暖系统节能改造能够发挥实际效果，在实施过程当中应当注意相应事项，如特殊部位施工、系统安装规定、保温层和防潮层施工要求等，对此下文将进行分析。

（一）特殊部位施工

因为室内采暖系统节能改造涉及管网结构，所以需要考虑管网埋设、穿越等问题，当管网施工与墙壁、楼板等特殊部位接触时，应当采用对应的措施来进行施工，否则容易引起质量问题。具体来说，在施工当中首先需要埋设金属套管，如果套管安装在楼板部位，则应当保障套管顶部与地面保持 20mm 以上的距离；如果套管安装在厨房墙壁内，则应当保障套管顶部与地面保持 50mm 以上的距离，同时套管底部与楼板或者墙壁需要保持平行，避免过大弯曲现象。在套管安装完毕之后，可以在套管内安装相应管网，但要注意管网的接口不能设置在套管内部，两者间距应当保持在 5cm 以上。此外，为了保障管网与套管之间的稳定性，安装完毕之后应当对两者连接处进行封堵，封堵材料应当选择柔性不燃材料，且保障封堵密封性表现良好。

（二）系统安装规定

主要围绕采暖系统安装、散热器安装规定进行分析。在采暖系统安装规定方面要做到以下几点：首先要确保系统配件齐全，例如散热设备、阀门、过滤器等，同时保障所有配件以及系统可以正常运行；其次结合实际情况，对系统大小进行筛选，以免出现不匹配问题；最后应当根据系统大小，先安装基础件，后安装系统外部设备，此部分不能侵占管道通行位置。在散热器安装规定方面要做到以下几点：首先在节能原则下，应当选择散热能力可控性良好的设备；其次需要采用非金属涂料进行涂刷；最后将其安装在外部。

（三）保温层和防潮层施工要求

在保温层施工方面要做到以下几点：首先要确保施工材料不可燃，同时根据实际条件，对施工的规格、厚度等先进行设计，再依照设计要求进行安装；其次保温管网的外壳要与墙体与其他材料保持紧密连接，且注意外壳的抗腐蚀、耐热以及硬度等性能，以保障系统使用寿命。在防潮层施工方面，应当选择具有防水性能的材料进行设计，如毡类材料等，将此类材料包裹在管网外部即可，但要注意厚度、缝隙，且不能出现气泡、褶皱等。

综上所述，本节主要对室内采暖系统节能改造进行了分析，通过分析得到结论：现代室内采暖系统在能耗上表现不佳，会给用户带来一定负担，所以有必要进行节能改造；针对室内采暖系统，本节先分析了改造措施，通过此处分析得到了方向；对室内采暖系统节能改造施工时，应对注意的事项进行分析，可以确保改造质量。

第五节　室内采暖系统的节能设计

在建筑物应用过程中，对其室内采暖系统进行节能设计分析，完善其所需的设计方案，有利于增强该系统的实践应用效果，使室内采暖系统构建与使用能够达到绿色建筑发展要求，增加建筑企业的经济与社会效益。因此，需要从多个角度进行充分考虑，对建筑室内采暖系统节能设计进行深入探讨，这样有利于丰富其设计内容，降低室内采暖系统长期运行中的能源消耗率。在此基础上，有利于保持室内采暖系统良好的运行工况，满足可持续发展战略实施要求。

一、旧式室内采暖系统应用中的基本形式及优缺点分析

在我国经济社会快速发展过程中，基于单管垂直系统的旧式室内采暖系统的设计与应用，为建筑室内供暖水平的提升带来了重要的保障作用。这类室内采暖系统应用中具有系统简单、施工较为便捷、成本经济性良好等应用优势，但也有自身的不足之处：难以满足用户的局部调节需求、能源浪费现象较为明显。实践中受这些缺陷的影响及能源结构的不断优化，使得单管垂直系统作用下的室内采暖系统逐渐被取代。同时，随着社会的不断进步及建筑建设规模的扩大，传统的按照建筑面积计算收费的方法在室内采暖系统应用中存在着较多的问题，需要在有效的改革措施支持下，重视室内采暖系统运行中的按热量计费改革，从而实现对室内采暖系统的高效利用。实践中的单管垂直系统作为室内采暖系统应用中的存在问题包括以下方面：

（一）不具备个体调节的能力

单管垂直系统应用虽然为室内采暖系统实际作用的发挥带来了一定的保障作用，但其应用中由于无法满足用户进行局部调节的实际需求，使得室内采暖系统难以为用户提供所需的服务，影响着建筑室内环境舒适性。同时，基于单管垂直系统的室内采暖，需要先将

热水统一运至建筑物顶层，进而向下依次分发给用户，使得其在热量输送过程中的损失问题较为突出，引发了能源浪费问题。实践中因这种旧式室内采暖系统不具备个体调节的能力，使得其应用水平下降，难以满足用户的实际需求。

（二）维修中能源的浪费

作为一个整体性的热水循环系统，单管垂直系统长期运行中可能因某一处漏水问题的产生，使得整个系统的运行工况受到影响。在此期间，在落实该系统所需的维修工作时，会造成大量热水浪费，从而使得用户所需的室内采暖系统能源消耗量增加，无形之中加大了室内采暖成本，影响着室内采暖系统的实践应用效果。

（三）供热部门管理不方便，闲置住宅存在能源浪费问题

单管垂直采暖系统运行中若出现了用户拖欠费用的现象，会使供热部门的生产成本加大。实践中因整个室内采暖系统是为所有的用户同时服务的，因此供热部门难以对单个拖欠费用的用户进行针对性处理，导致室内采暖系统运行中供热部门的管理水平下降。同时，因旧式室内采暖系统应用中的形式为单管串联式，住宅区中将所有的用户联系在一起进行供热。当其中的部分住宅闲置时，会引发能源浪费问题，使得室内采暖成本加大。

二、实践中适宜分户计量的室内采暖系统分析

针对旧式室内采暖系统应用中存在的问题，需要注重适宜分户计量的室内采暖系统有效使用，使得该系统支持下的建筑室内环境舒适性增强，实现了对能源的高效利用，并为室内采暖系统节能设计工作开展提供参考依据。具体表现在以下方面：

（一）实践中的单管制室内采暖系统

该系统作为一种常用的室内采暖系统，应用过程中取得了一定的作用效果，丰富了室内采暖系统形式。该系统的构建过程为：在每个住宅单元设置一个总的供回水系统（称为大系统），每层用户为一个独立的小系统。总供回水立管管井设在靠楼梯的厨卫处，每层供回水接在大系统上（每层只装一户），在小系统出入口管道上加调节关断阀门及热计量表，以便分户计量热费。此系统的优点是：竖向无穿楼层的立管，不影响墙面装修。缺点是：不能分室控制温度；每组散热器均须设冷风阀；管线过门、阳台须处理。因此，在室内采暖系统节能设计过程中，需要结合实际情况，慎重使用单管制采暖系统，以便增强室内采暖系统的实践应用效果。

（二）实践中的双管制采暖系统

1.双立管并联式系统

实践中若将该系统作为室内采暖系统，用户可采取在散热器支管上设置调节阀的方式，

实现采暖系统运行中的介质流量调节，保持用户室内环境良好舒适度的同时实现提升室内采暖系统节能设计。但是，在设置这种室内采暖系统时，为了保持系统良好的节能状况，则需要考虑这些方面的问题：若楼层较多，双管制采暖系统应用会产生较为突出的垂直失调问题，影响着用户室内环境的采暖效果；该采暖系统仅适用于安装了热量分配表的室内采暖系统构件。

2. 水平双管系统

在建筑室内采暖系统构建与使用过程中，注重水平双管设计方案的合理运用，有利于避免采暖系统运行中垂直失调问题的产生，并满足热量表的安装需求，使得采暖系统运行中可借助散热器的优势，达到个体调节的目的。在水平双管系统的支持下，用户可通过室内调节阀进行采暖系统运行中的介质流量调节，从而使室内居住环境有着良好的舒适度，并提升室内采暖系统的节能设计水平。但是，为了保持该系统实践应用中良好的功能特性，需要在其运行中增设与散热器组数相对应数量的三通调节阀。实践中水平双管系统的应用优势包括：实现了供热系统垂直失调问题的科学处理，满足分室控制温度要求；方便了用户在系统运行中的介质流量调节需求。该室内采暖系统应用中的缺点包括：室内散热器下部的供回水管隐蔽困难，管线过门、阳台不好处理，每组散热器需要安装冷风阀。

三、室内采暖系统节能设计要点分析

（1）加强供热负荷分析，合理设置散热器。实践中落实室内采暖系统节能设计工作时，为了优化其设计方案，需要在采暖系统构建中加强热负荷分析，从而为散热器的有效安装提供参考依据，避免因散热器安装面积过大而导致采暖过程中的能源消耗量增加，实现该系统的节能设计。同时，应结合室内的整体布局情况，合理设置散热器，从而为室内采暖系统运行水平提升提供保障。

（2）在进行室内采暖系统节能设计时，应充分考虑建筑材料实践应用中的传热性能，应加强整个设计过程的严格把控，使最终得到的节能设计方案更具科学性。具体包括：通过对围护结构传热耗热量、门窗缝隙空气渗透热量等方面的深入分析，在室内采暖系统节能设计中注重传热性能可靠的建筑材料使用，从而增强采暖系统运行中的节能效果。同时，应结合室内采暖系统节能设计的实际情况，对其设计过程进行严格把控，处理好其中存在的问题，完善室内采暖系统节能设计方案，并保持用户间建筑结构良好的隔热性能，确保该系统节能设计有效性。

（3）在对室内采暖系统进行节能设计时，也需要重视其中的热表参数修正，并加强表计校核处理，从而使室内采暖系统运行中不同楼层用户的实际耗热量分析结果更加准确，给予该系统节能设计工作开展必要的支持。同时，为了避免用户在室内采暖系统运行中使用计量仪表时发生纠纷事件，需要相关人员能够做好这类仪表的表计校核处理工作，降低该仪表应用问题发生率。除此之外，室内供热系统节能设计中实现分户计量时，由于其中的热负荷会发生相应的变化，可能会引发系统能耗问题，需要设计人员将质量可靠压差控制装置应用于室内采暖系统中，实现对系统变流量问题的科学应对，且在有效的分户计量装置支持下，加大室内采暖系统运行中的节能宣传力度，强化用户及其他相关人员的节能意识。实践中若将这些举措实施到位，则有利于实现室内采暖系统的节能设计，在提升其节能水平的同时也可优化采暖系统的使用功能，给予用户优质的服务。

现阶段建筑行业整体水平的提升，为我国经济发展带来了积极的促进作用。但是，因建筑能耗问题的存在，使得我国的能源危机加剧。针对这种情况，未来建筑领域发展中若能重视室内采暖系统节能设计，则有利于实现对该系统运行中能源消耗量的合理控制，从而完善现代建筑实际应用中的服务功能，提升室内采暖系统的应用水平。与此同时，加强室内采暖系统节能设计研究，也能使该系统在运行中逐渐实现对不同能源的高效利用，给予现代建筑稳定发展更多的支持。

第四章 室内燃气系统安装

第一节 室内管道燃气的安全供气

近三十年来我国城市燃气规模迅猛发展，目前已有一亿多用户在日常生活中使用各种燃气，并且还以每年新增用户八百万户左右的速度在发展。已公布的统计数据表明，随着燃气用户量的不断扩大，城市燃气安全事故已成为我国继交通事故、工伤事故之后的第三大杀手。国内外的许多调查显示，燃气在给用户带来环保能源的同时，也会因为各种泄漏而引发火灾、爆炸等事故，给用户生命财产造成重大的损失。随着城镇燃气的发展，用户数量快速增长，室内燃气设施运行使用时间增加，室内燃气事故引发的爆炸和人员伤亡数目显著上升，居民用气安全问题日益突出。因此，对室内管道燃气安全供气进行系统分析，提出合理的居民室内安全供气方案，在检测泄漏的燃气以及发现燃气泄漏之后如何降低居民用气风险、保障燃气用户安全等方面的研究，具有非常重要的现实意义和社会效益。

一、燃气的危害原因

（一）燃气的易燃易爆性及毒性

室内管道燃气一旦泄漏，就可能在漏气点附近与空气混合，形成爆炸性气体。当遇到明火、高温、电磁辐射、无线电等时，都可能引起着火、爆炸。城市燃气在到达城市之前，都要经过净化处理，必须达到规范要求才能进入管道系统。因此，城市燃气的毒性属低等，但浓度大时仍会使人窒息或中毒。

（二）燃气的挥发性、扩散性

城市管道燃气泄漏时会挥发扩散，在压力较高时，燃气将高速喷射出并迅速扩散。若形成的蒸气云没有遇到火源，则随着气云逐渐扩散，浓度降低，危害性下降。但如果被引燃，则会发生火灾、爆炸事故，造成严重人员伤亡和财产损失。

（三）烟气危害

燃气完全燃烧后生成 CO_2 和水，因为烟气温度高，水会以水蒸气的形式随烟气一起排出，燃气不完全燃烧时，烟气中就会含有燃气的成分、CO 等。当烟气不能顺利排出，在狭小的空间聚集时就会使人窒息，甚至死亡。大部分燃气热水器中毒、死亡事故都是由于热水器燃烧时消耗了室内空气，燃烧后的烟气又聚集在室内，缺氧、中毒共同作用的结果。

二、燃气事故的特点

（一）普遍性

城市燃气管道及设施布置范围广，任何有燃气管道或设施的地方都可能会发生事故。

（二）突发性

城市燃气发生事故时往往是在用户毫无察觉时就已经发生了燃气的泄漏，如果没有及时发现很可能引起火灾或爆炸事故。

（三）影响范围大

燃气事故一旦发生，不但会影响事故所在地的居民、商户、工厂等建筑物，还会使周围的区域都受到事故影响。比如，一户居民室内发生燃气爆炸，就会使整栋楼都受到影响，甚至造成楼体受损，不得不在爆炸事故后整体拆除。

（四）后果严重

室内燃气事故会造成人员伤亡和财产损失，有的事故后果非常严重，甚至会造成多人死亡的恶性事故。

三、室内燃气事故发生的主要原因

（1）燃气具使用不当或误操作。一般民众对燃气缺乏了解，安全意识淡薄，在使用燃气无人监管，熄火或不关闭燃气阀门等都会导致燃气事故的发生。

（2）软管的原因。用户使用嵌入式燃气灶，导致燃气软管安装于橱柜内，胶管两端未加专用管卡，因老化变硬在外力作用下松动脱落，造成漏气时形成封闭空间且不易被发觉；使用的橡胶管不是燃气专用管；燃气软管过长，或中间有接头；软管未及时更换，因老化龟裂造成漏气。

（3）蓄意行为。有些事故是人们的蓄意行为造成的，比如，以自杀、偷窃、谋杀为目的，故意制造燃气事故。

（4）地壳变化及下沉使燃气管道发生断裂，泄漏的燃气窜入建筑物引起事故。

（5）管道及燃气设施的缺陷。在管道施工时，使用不合格产品，设备陈旧老化、腐蚀、施工质量不合格、设计缺陷等都可能留下安全隐患，引起燃气事故。

（6）还有很多原因可能导致燃气事故的发生，都应该引起管理、技术人员的注意。比如：室内安全检查不到位、检修操作不规范、监管及安全培训不到位等都是事故多发的原因。

四、居民室内燃气安全保护方法

根据目前国内燃气安全领域的现状，结合管道燃气特性及事故发生原因，必须做好室内管道燃气的安全防护。

（1）直接对用气房间进行可燃气体检测的保护。主要包括对管道燃气中加臭剂的嗅觉感知、安装可燃气体报警器、燃气公司定期上门检测等方法。通过安装报警器，可解决燃气泄漏报警问题，但存在误报、漏报和使用周期内检定难等隐患。采用加臭的方法对燃气泄漏进行检测必须依靠人的嗅觉发现。当发生室内燃气泄漏而现场无人时，或由于用户嗅觉不够灵敏而导致不能及时发现泄漏时，就极易发生燃气安全事故，需要与其他的保护方法配合使用。定期到用户家中进行安全检查，就可尽可能地排查出由于燃气设施老化、阀门松动等原因导致的泄漏，并能通过燃气检测仪的检测发现微小的泄漏，可对泄漏的燃气设施及阀门等进行更换。

（2）安装于燃具上的熄火保护装置也可以视为一种保护装置。这种基于检测燃具火焰的保护方法主要用于对燃具的保护，在燃具意外熄火或点火失败的情况下，自动切断用户设备气源，防止燃气大量泄漏。

（3）安装人工智能关闭装置，灵敏度高，但其价格在户内安全装置中相对较贵，用户难以接受，给推广带来了一定困难。

（4）基于监测燃气流量和压力的保护方法，在户内燃气设施前安装各类燃气安全阀，可实现对户内超压、过流、超温的安全保护功能，但这些装置对于少量泄漏不能关闭燃气阀门，又由于质量、价格、性能保障等综合因素，普及率低。

通过对燃气表进行异常流量参数设置，实时监测燃气流量的变化，实现异常状态的切断与报警反馈功能。优点：一是可根据不同用户的实际用气特点及需求进行异常流量参数设置，实现对大流量（胶管脱落）的及时切断、炉具忘记关闭的自动切断、室内燃气设施产生的各种泄漏的自动切断，尤其解决了可对微量泄漏实现监测切断；二是在对用户进行异常流量报警的同时，将用户的安全初始状态、流量异常的原因、时间、分类累计次数的记录反馈到燃气信息管理系统中，可提高燃气安全管理服务质量；三是通过无线远传或组网进行数据采集可以实现实时报警；四是燃气表为居民用气必用设备，产品在价格和推广普及率上将具备极大的优势。不足：可能出现个别的误判断而造成切断，用户可自行恢复供气。

（5）加强对用户的燃气安全教育。室内燃气事故不断发生，有些方面是因为用户安全意识薄弱。作为燃气经营企业，应采取多样化的安全宣传方式，让更多的燃气客户了解和接受安全用气的知识。

城市燃气安全工作任重道远。燃气企业必须充分认识到安全生产工作的长期性、艰巨性和复杂性，做到持之以恒，扎实工作，建立燃气安全保障机制，有效落实各项安全生产措施，有效预防室内燃气安全事故的发生。持续提升客户满意度，为用户提供安全合格的燃气服务。

第二节　住宅室内燃气管道设计

目前，常见的室内燃气事故可以分为两种：第一，燃气外泄引发爆炸或人员中毒；第二，燃烧形成的烟雾向室外排烟不畅引发中毒。前者是因为施工不规范、燃具不合格或用户违章使用导致的，后者是由于室内排烟系统设计不合理造成的。

为了预防事故的发生可以从以下两方面做起：首先要规范室内管道的设计规范，加强现场施工管理。其次要进行合理的排烟系统设计。国家相继出台了与燃气设计相关的规范，并在实际管道安装设计中推行多种安全保障措施，如在燃具前增加保安阀，在室内安装排风扇、电磁阀及燃气报警器。山东要求室内安置燃气报警器，其他部分地区在推广使用保安阀，已取得初步效果。

一、室内的燃气管道设计

（一）管道暗设规范

《城镇燃气设计规范》中明确要求了室内管道暗设的规范，室内燃气管道必须在符合规范要求的前提下才可以安设。设计中可将计量表前后的管道置于房屋吊顶内，使用不易燃材料。可以在吊顶内靠墙处安一台排气扇，来提高吊顶内的空气流动，不仅可以用于排烟，也可以确保室内的美观。在进行室内管道暗设时，应注意如下几个方面：燃气管道应该整个敷设在套管中，套管管径要多于燃气管道管径20mm。管道使用材料的质量必须要达到要求。施工图纸上应该标明管道的走向、长度等详细信息。管线布设应该安置于墙体内部或者吊顶内。暗设在墙内的管线高度应在2.2mm以上，同时，管线走向尽量做到横平竖直，避开钉钉子等地方。

（二）附加压力

高层建筑立管较长，不能忽略燃气与空间气密度不同而产生的附加压力。对焦炉煤气，经计算，一般25层以下的高度，用户燃具前压力还在允许波动范围内，25层以下则需消除附加压力。采用的措施有加大底层部分的立管管径、减少高层部分的立管管径。在立管上分段设置调节用阀门，可每隔 6 层设置一个阀门来增加局部阻力。设置调压器，在立管的适当位置，或在用户燃气前设低压调压器。

二、厨房的排烟系统设计

现代家庭的厨房燃具不断增多，燃具的排烟量越来越多，因此，住宅内必须要装有专用的排烟通道。尤其是层数较高的建筑，专用排烟通道更是不可缺少的。供暖设备和热水器的烟气可以由烟道进入专用烟道进行排烟。燃气灶的烟气一般由抽油烟机排到进排烟管道中。

有关规范中明确的要求了有助于提高安全性的密封式空间燃具的公用排气烟道设计要求，可以广泛推行。烟道和燃具的连接管道部分尽量采用完整的无缝接口管道，坡向燃具设备的长不大于 2.5m。如果建筑没有专用的排烟烟道，可以在距吊顶下 0.1m 的地方安排气扇，用来加强排气效果及抽气能力，可以清除室内外泄的毒气或燃气，这样不仅可以排烟，也可以保证室内通气。同时，还可以在墙体上设一个面积 0.15m*0.15m 左右、扁平形状的通气孔，通气口布设在靠厨房外墙壁面 0.12 ~ 0.25m 处，通气孔不要直接吹入，可以加百叶窗来防蚊及防鼠。

三、计量表安装设计

（一）集中式安装

集中式安装是将立管从房间外引出地面，在楼栋靠近厨房的位置安装表箱。在表箱前设置管道阀门，计量表出口端与各用户的燃气管道相接，用支管形成管束伸出表箱外延伸至各用户厨房。用户的燃气支管可以设置在管井内或者建筑外墙。对于焦炉设备用气，表箱可以设置在建筑屋顶。燃气输气管连接到屋顶的表箱，用户的输气管道可以从屋顶从上到下布设。

任意户型都可以采用集中式安装计量表，但 16 层以上的建筑不适合集中挂表。对于 16 层左右的小高层建筑，可以将表箱安装在 6 ~ 8 层处，在分层向用户厨房布设支管。集中安装的计量表输出端的立管较长，为了减小燃气管的管径，在燃气管道设计时可以选择压力稍大一些。

（二）分散式安装

分散式安装适合于高层建筑，它将计量表安装在建筑每一层的开放的楼梯中。计量表输出端穿过墙体延伸到厨房中，也可以穿墙沿建筑外墙布设，而后进入厨房。计量表可以安装在较高的位置，必须在厨房的适当地方安装一个开关阀门。高层建筑的燃气管道设计中，计量表和输气管道可以设在公共环境的管井中。根据分析，分散式安装可以用在开放式楼梯间的户型，如果每层楼梯间具备非封闭的前室，那么燃气设备使用时会更安全。

（三）计量表安装时的注意事项

分散式安装要每个表安装一个表箱。集中式安装可以将3～4个标准表箱集合于一体，也可以多个计量表安在一个表箱内。计量表安装设计时应该考虑室外燃气管道管的布设与环境的搭配，既要明显突出燃气管道的色彩，方便管道布设，也不破坏建筑周围的美感。室外的计量表必须装于专用表箱中，表箱的位置既要不影响厨房布局，方便管理员维护和抄表，又要避开安装于人流集中的区域。表箱的工作温度要保证在大于0摄氏度以上，低于该温度时，表箱应具有保温功能。表箱要安装在通风的环境中，防止泄漏的燃气汇聚，发生爆炸。

表箱材质采用镀锌钢板，也可以使用玻璃钢材。每个表箱应预留一个观察口，用于观察计量表的表盘数据，便于客户数据观察员和管理员进行抄表。管理操作员持有表箱的钥匙，可以在表箱前的进气端的阀门加上锁，禁止非操作人员违规操作。

目前室内设计的不断革新变化，燃气管道设计者应该摒弃旧的设计思路，在按照国家燃气管道设计规范的要求下，实行客户至上、安全首要的工作原则。在进行室内燃气管道设计时，必须全面地考虑各方面因素。在设计前期，设计人员要实地考察室内的布局，和用户就室内位置、管道布局及施工要求等方面进行充分的沟通和商议。在进行室内燃气管道设计时要务必为用户着想，着重改善设计质量，创造和使用先进的施工技术和设计想法，提高管道的设计效果，让用户感到满意，确保用户的用气安全。

第三节　商业用户室内燃气系统安全

商业用户室内燃气系统的安全至关重要，在燃气的设计过程中要采取安全对策，在燃气的使用过程中要提高安全防范意识，落实安全责任。燃气系统安全管理是一项复杂的工作，涉及多方面的内容，在实际的管理中一定要针对具体的问题采取有效的措施，为商业用户室内燃气的使用和操作提供指导，提高燃气系统的安全系数，避免可能出现的任何安全隐患。

一、商业用户室内燃气事故的特点和类型

（一）室内燃气事故的特点

室内燃气具有一定的特点，这些特点直接决定了燃气事故预防难、危害性大，明确室

内燃气事故的基本特点能够提高燃气的使用安全，在日常的使用中进行注意，有意识地控制事故的发生。经过不断的实践和总结，室内燃气事故的特点表现在以下几点：

1. 突发性强

燃气事故的发生一般都具有突然性，也就是说一般燃气的使用者很难提前预知，这给燃气事故的预防带来了很大的难度，基本上是无法实现提前预防的。突发性还表现在人们对燃气事故的何时发生处于一种无意识状态，这也是造成燃气事故破坏性大的原因之一。

2. 危害性和社会影响性大

燃气事故一旦发生，将会造成不可估计的损失，同时还会引发其他事故，如电气事故、水危险事故等。燃气事故的发生不仅会对燃气设备造成破坏，还会威胁用户的生命和财产安全。燃气事故的危害性大还表现在，发生燃气事故时受到威胁的不仅是使用者一个人，同时还会对一定区域内的所有人群造成威胁。由此而言，室内燃气事故的发生损失不可估量，为此，如何保证室内燃气的使用安全是燃气使用者、燃气建设者、燃气设计者、燃气管理者以及所有相关人员的共同责任。

3. 复杂性强，应急救援难度大

燃气事故具有一定的复杂性，这给救援工作增加了很大的难度。复杂性表现在很多方面，比如燃气事故的危险性一般都是人员中毒，不是专业人员很难进行施救，对专业性要求很强。人员中毒又要求在第一时间进行抢救，如果得不到及时的救助，将会危及受害者的生命安全，这也是救援难度大的表现之一。另外，由于室内燃气发生于室内，室内空气的流通性差，进一步加剧了燃气事故的危害性。

以上就是室内燃气事故的基本特点，当然还有其他的特点，这里就不一一介绍了。掌握室内燃气事故的基本特点有着重要的意义。首先能够清楚地知道燃气事故发生的原因，为燃气事故的排除提供依据；其次能够在认识特点的基础上做好充分的准备和预防工作；最后掌握燃气事故的基本特点，能够更好地指导燃气使用工作，为燃气的使用安全保驾护航。

（二）室内燃气事故发生的类型

室内商业用户室内燃气事故的表现有很多种，每种都有其自身的特点和原因，正确把握各个事故的发生原因，合理把握事故的发生特点，能够为事故的预防提供参考和依据，也能提供预防工作的效果，为室内燃气的使用安全提供保障。

1. 一氧化碳（CO）中毒

一氧化碳中毒的原因有很多种，主要是由于热水器的烟道存在问题，热水器的烟道问题表现在安装施工中没有按要求进行安装、施工质量不符合要求、安装时没有按规定安装相应的安全防护设备。还有就是用户的安全意识有待提高，在使用的过程中，很多人都意识不到安全问题的重要性，任意操作和使用，安全意识不强还表现在不进行相关的安全防护工作，意识不到燃气事故的危险性。室内通风工作没做好也会造成一氧化碳中毒，燃气，尤其是室内燃气使用，室内是要保持通风的，而有些人误以为通风与否无关紧要，就忽视了通风工作的重要性，没有做好通风工作，室内燃气在使用过程中要对通风工作进行应有的重视。

一氧化碳中毒的原因是多方面的，危害性也很大，但是只要重视安全问题，分析一氧化碳中毒的不同原因，提高安全意识，就一定能够做好一氧化碳的安全预防工作，把危险降到最低。

2. 爆炸

燃气爆炸的原因就是当室内燃气的浓度达到一定值时，与空气中的氧气产生一定的化学反应引发爆炸。燃气爆炸和其他类型的燃气事故一样都具有很大的危险性，造成的损失也很大。为了有效地预防燃气爆炸事故的发生，在实际的使用中，一定要按要求操作，最主要的就是要做好室内的通风工作，保持室内空气的流畅。随着科技的进步，室内燃气爆炸预警机制也随之出现，这些装置为燃气的爆炸提供了有效的预防。室内燃气爆炸事故的预防应当不断的科技化和现代化，引进相关的报警机制，设置相关的空气流通系数，一旦燃气的密度超过一定的预警线就会发生自动报警，自动报警能够给用户的安全提供保障。

3. 燃烧

燃烧是一种经常发生的事故，也是非常常见的，预防的难度也不高，只要提高防范意识。虽然如此，但是由于燃气事故的发生非常的频繁，是经常性的事故，所以，做好其预防工作也至关重要，在预防中不能忽视其危害性。为了更好地做好燃烧事故的预防工作，一定要充分地掌握其发生的原因，这既是做好预防工作的基础，也是前提。

二、商业用户室内燃气系统安全隐患应对措施

（一）严格工程质检验收，确保工程质量

工程安装完毕要进行综合验收，验收时应重点检查：燃气管道及设备的安装是否符合设计文件的要求；地下室、半地下室、密闭用气房间等特殊用气场所应注意机械送排风系统和燃气泄漏报警系统的安装是否符合相关设计文件和规范的要求，设备是否能正常工作；用气房间是否按要求安装了防爆灯具和开关。

（二）抓好经营管理工作，落实安全管理责任，完善管理流程

商业用户通气前，管理部门应和用户签订《天然气供用气安全协议》，告知用户天然气的安全使用知识，明确双方责任，提高用户的安全意识。检查可采取日常检查、定期检查和专项检查三种方式。日常检查可按月或季度进行安排，定期检查可分为半年检查或年度大检查，专项检查是对某一项危险性较大的安全专业或某一个安全运行中薄弱环节进行专门检查，如燃气泄漏报警系统专项检查、地下室和密闭用气房间等特殊用气场所安全检查、燃烧器具专项检查等。

随着经济的发展和社会的进步，人们的生活水平和生活质量得到了明显的提高，燃气设备的安装数量也不断地增加。商业用户室内燃气安全一直是社会关注的话题。目前，我国室内燃气安全还存在很多的问题，一直威胁着使用者的生命安全，为了改变这一现状，要重视室内燃气安全的管理工作，采取合理措施杜绝相关事故的发生，保障使用者的生命安全。现阶段的燃气安全事故的预防工作还应当立足于实际，针对目前的基本现状，采取相应的对策。为了更好地做好商业用户室内燃气安全工作，应当不断地提高重视，加大防范力度，同时还要引进先进的科学技术，采用高科技进行防范和预防，如引进科技报警机制，引进安全科技预防对策，有效杜绝任何安全事故的发生。

第四节　室内燃气管道的安装工程施工

有许多质量因素会影响燃气管道的安装，如果任何一个环节出现问题，则很有可能会留下安全隐患，同时，由于施工技术相对复杂，因此应由专业的安装团队负责施工。但是，当前在我国，燃气安装团队没有经验，缺乏操作技能和经验，存在不符合技术要求和施工操作标准的情况，不仅对工程的质量带来了影响，甚至对使用管道留下了一些安全隐患。

一、室内燃气管道在安装时的施工技术重点

（一）准备材料设备

在室内安装管道施工时，必须准备好设备和材料，以确保正确有序地施工，并确保设备材料的质量满足安装要求。用于安装的密封填料、管件、管材和其他建筑材料需要质量合格证和出厂证明，在材料进入施工现场时，必须进行质量复检以确保材料的质量和规格符合要求，若出现质量问题，必须立即退回工厂处理。机械设备是管道安装必不可少的工具，在施工之前，有必要检查其质量，尤其是对设备的质量和运行状况进行仔细的检查，以确保设备处于良好状态。

（二）干管安装施工技术

在燃气管道安装过程中，相关工作人员需要结合图纸要求进行审核，安装之前要进行详细的检查和管理。燃气安装对铺设形式有特殊要求，在综合调整的过程中，要明确规范形式，加强综合性管理，并提高稳定性。管道安装管控是一个重要过程，必须确保在安装过程中实施了完整的技术，并带有适当的警示标志，结合实际的腐蚀情况，进行规范化、综合性的管理，从而保证安装工艺达到理想的技术状况。

（三）立管安装施工技术

安装燃气管道立管时，最重要的是仔细检查每个楼层上预留孔的位置，并确定位置信息是否与标准规格完全匹配。通常，燃气立管主要设在厨房或楼梯间，当室内的立管直径达到标准限制时，建筑商可以根据当前情况在每层之间添加一个活接头。

（四）支管安装施工技术

在安装支管型燃气管道前，应该做好计量管理工作，把预留口作为基础，提前做好检查，在分析实际位置数据和标准数据之类的信息后，测量支管位置。根据尺寸和支管类型组合进行适当的功能调节。该测试使用线坠和水平测量仪来确认喷嘴安装位置是否在标准范围内，结合主要的检测计量位置和立管位置形式等，在确认合格后，可以将支管用作替换件。通过结合支管预设和安装图纸可知，进行压力测试是做好安全管理的前提。

二、提高室内燃气管道安装工程施工技术的对策探析

（一）重视施工与设计的沟通协调，提高施工方案的可操作性

与建筑项目相比，室内燃气管道安装工程较小且施工过程简单，但是对专业知识的需求更强，为了使燃气管道安装工程施工技术满足质量要求，必须重点集中在建筑单位与项目设计部门之间的沟通和协调上，以便不断提高施工方案的运营效率。在燃气管道安装工程项目阶段，员工必须对测量盒中预留的墙壁和孔进行操作测试，防止在没有进行室内外装修的情况下进行安装，导致后期施工破坏了房屋装修。

（二）注重管道安装的美观性

设计者和建筑公司必须从用户的角度考虑管道的位置，并考虑各种因素以确保管道安装的美观和方便。同时，施工人员必须通过提高安装水平和美观度来保证质量。

（三）进行强度测试

设计室内燃气管道是一个重要的过程，施工技术分析应基于整体管理。根据输配电项目，应在设计阶段按照要求和当前预先选定的程序进行，以满足强度测试的要求。应当进行介质分析，以确保项目设计的一致性：第一，必须批准项目、承包商、主管、设计和施

工的联系清单；第二，对施工组织进行设计，其内容包含具体方案和应急措施；第三，压力测试期间，有必要在释放管道压力时对周边人员进行疏散；第四，选择最佳的压力测试持续时间，压力测试期间需要进行电气检查。根据管道的创建，必须在线性设计阶段明确实际的空气类型，必须在分析阶段提前进行测试和评估。

（四）增强施工技术水平，坚持安全第一原则

承包商和施工单位必须重视安装和施工现场的细节，并在一定程度上控制每个环节的质量，这样可以真正地保证安装工程的整体质量。在施工过程中，施工人员必须首先遵守安全预防措施规定，只要施工人员从基本的意义上知道施工的安全性和质量控制任务的作用，则安装工程在规定的施工时期内就可以顺利运行。燃气的设计人员必须从用户角度出发，选择具有舒适性和美观性的最佳设计方案。在施工人员实践的过程中必须不断提高施工技术水平，以便可以有效地提高室内燃气管道安装工程施工技术的水平。

（五）合理置换

在燃气管道投入运营之前，有必要进行气体交换和管控，天然气交换的优点是显而易见的，并且从管道传输的气体流速不得超过 5m/s。换向阀应安装在较大的区域，严格禁止在通风区域周围产生火源和静电火花。应使用远离工程人员和车辆各个通风区域的立管管道来保持通风。放空口的气体必须满足以下要求才是合格的。交换是重要的过程，按照当前的技术，在安装管控之前应弄清注意事项，并在合理置换后进行浓度测量工作，尽量符合要求，增加适应性，促进整体技术进步。在交换阶段测定浓度，尽量保证超过 90%。如果出现检测不合格的现象，其消极影响非常显著。为了提高安全性和稳定性，工作人员应事前进行审核检查，检查后再实施。

（六）做好防腐蚀处理

在开始施工和安装之前，尤其是为了避免二次腐蚀并确保满足钢管的质量要求，建筑工人应科学地排除钢管的腐蚀。同时，应妥善保养镀锌钢管，以免暴露在环境中，以确保其质量安全和可靠性。

总的来说，随着我国经济社会的强劲发展，居民生活质量获得了显著的提高。家用燃气可以为居民提供生活便利，并改善其生活质量。因此，有关部门要着力于室内燃气管道的安装，解决管道的设计、安装和运行问题，以确保居民用气更安全，为居民提供更加满意、合理、安全的燃气服务。

第五节　室内燃气设施的施工及运行管理

城市燃气作为居民的基本生活保障之一，室内燃气设施的施工、质量以及管理与用户的生命、财产安全息息相关。用户燃气设施主要包括用户燃气管道、阀门、计量器具、调压设备、气瓶、连接软管等。为了保障居民的安全用气、居民日常生活的正常运行，必须制定规范、完善的用户燃气设施的运行、维护、安全管理。

一、用户燃气设施的运行、维护情况

城市燃气具有易燃、易爆、有毒而又看不见、摸不着的特点，由于天然气的密度较低，在用户家中容易向上聚集（形成密闭空间），与氧气混合达到一定浓度，遇明火（或一定的能量）容易造成火灾或爆炸。用户燃气一般通过管道、气瓶与燃气设施连接进行使用，燃气泄漏是燃气供应系统中最典型的事故，也是造成燃气爆炸和火灾的重要因素。

二、用户燃气设施的管理难点

（一）用户的违章行为对燃气设施造成安全隐患

由于城市燃气的供应对象主要为居民用户，由燃气立管和用户支管直接对居民用户进行供应，因为立管和用户支管位于用户家中，用户通常会对这些管道进行重物悬挂等违章行为，导致燃气管道的使用寿命降低，增加燃气的泄漏概率，用户的财产、生命造成威胁；另外，连接灶具、热水器的金属软管、胶管也存在安全隐患行为。一是金属软管、胶管超过使用年限安全可靠性降低；二是金属软管、胶管过长，超过燃气管理规范的长度。

由于燃气公司只对燃气管道进行安装，对热水器和燃气灶没有进行统一安装。这就让非专业人员、非法商家有机可乘，在用户立管进入用户后，对灶前管进行非法改装；在加装热水器的时候，由非专业人员进行安装，在材料、燃气设施（燃气灶、热水器等）的质量上得不到保障，施工质量难以得到保障，给后期的运行和维护带来了一定的难度。就以云南为例，在云南燃气公司，只对燃气管道进行安装，没有对燃气灶和热水器进行统一安装，用户通过商家购买进行安装。但不少商家的燃气设施的质量、管材、技术都难以信赖，在安装后不进行维护管理、用户需要维修的时候找不到安装人员等事情时有发生，这对管理造成了不良的影响。

（二）例行安检入户难

用户燃气设施应定期进行入户检查，并规定居民用户每两年检查不得少于1次，以确保燃气设施完好，保证燃气无泄漏等情况。但在实际操作中，因用户工作、出行和休息等日常生活运行，导致在入户安检的时候无人在家，中午晚上进行安检时用户在做饭、休息等拒绝安检，致使一部分用户漏检、未检等。

（三）公用阀门私自启闭存在安全隐患

用户的公用阀门（单元阀）主要敷设在一楼住户家中或一楼户外立管上，用户可能在燃气泄漏的情况下私自关闭单元阀，也有可能在燃气工作人员关闭单元阀的时候，因无气而私自打开单元阀，这会对整个单元的居民造成安全隐患。在正常情况下私自关闭单元阀，或关闭不全，对正在用气的用户，可能造成回火的现象，另外管道内为负压，空气进入管道，形成爆炸混合物，有可能造成燃气爆炸的安全事故；在关闭的情况下私自打开阀门，小区居民中有忘记关闭燃气开关的用户，打开单元阀，住户内大量燃气泄漏，形成爆炸混合物，当用户点火、打开电源开关等时，都有可能造成燃气爆炸事故。

（四）室内燃气泄漏情况及施工条件难以保证

室内燃气泄漏与用户在家中的复杂情况相结合导致抢险过程的难度大大增加，对于一些泄漏量大、用户发现晚等的情况，密闭空间内的燃气浓度很有可能达到爆炸极限（天然气的爆炸极限为 5% ~ 15%)，遇明火会造成燃气爆炸事故；用户发现泄漏，工作人员在燃气抢修、抢险过程中，施工的环境也给工作人员造成困扰，在事故现场，很难控制气源、消除火种并难以驱散室内的燃气。

三、用户燃气设施管理的难点措施及政策

为保证燃气用户的安全和燃气管网的正常运行，国家制定了一系列的施工设计规范和管理条例、燃气供应单位也要付诸行动，进行严格的管理和入户检查、维修，为排除燃气安全隐患严格按照国家规范以及相关法律法规进行施工及管理，确保用户能够安全用气、放心用气、舒心用气和燃气管网的正常运行。

（一）排除违章行为的措施及方案

1.燃气管理人员进行例行安检

用户燃气设施应定期进行入户检查，并规定居民用户每两年检查不得少于 1 次，应确认燃气设施完好，安装应符合规范要求，管道不应被擅自改动或作为其他电气设备的接电线使用，应无锈蚀、重物搭挂，连接软管应安装牢固且不应超长及老化。违反《城镇燃气管理条例》规定的，燃气用户将燃气管道作为负重支架或者接地引线的，擅自安装、改装、拆除户内燃气设施和燃气计量装置的，由燃气管理部门责令限期改正，逾期不改正的，对个人可以处 1000 元以下罚款；造成损失的依法承担赔偿责任；构成犯罪的依法追究

刑事责任。

2. 严格管理金属软管、胶管的使用

根据中华人民共和国行业标准CJJ94—2009《城镇燃气室内工程施工与质量验收规范》第4.3.24条规定，当软管与家用燃具连接时，其长度不应超过2米并不得有接口；当软管存在弯折、拉伸、龟裂、老化等现象时不得使用。燃气管理人员应严格按照国家行业标准对用户燃气设施进行管理，保障燃气的正常供应，促进燃气事业的健康发展以及用户的生命财产安全。

（二）制定人性化的管理方案

根据国家相关规范规定对居民用户检查每两年不得少于1次。燃气供应单位可以以片区为单位，制定月检计划，在根据片区把小区分开，制定周检计划，通过燃气供应单位与用户沟通，在某个月的某天某个时段进行入户安检；同时用户还可根据自己的时间表，对燃气供应单位提出申请，让燃气管理人员入户安检。通过燃气管理人员和用户携手打造节能高效、安全规范的燃气使用环境。

（三）宣讲燃气安全知识，共同维护燃气安全

根据国家行业标准CJJ—2016《城镇燃气设施运行、维护和抢修安全技术规程》第4.7.8条规定，正常情况下严禁用户开启或关闭公用燃气管道上的阀门（此处指单元阀）。公用阀门（单元阀）的存在至关重要，关乎整栋小区的生命财产安全，遇紧急情况时需要关闭，不宜设防冻保护。所以要不定期和用户宣讲燃气安全知识、用以往事故总结经验教训，共同维护燃气设施的安全。

（四）针对室内燃气泄漏的处置措施

用户应该配合燃气供应单位进行燃气的抢险作业，但室内燃气发生泄漏时，用户应该及时拨打燃气抢修电话，并为工作人员提供合适的抢险环境。工作人员接到用户泄漏报告后，应立即派人到现场进行抢修；作业环境应该把燃气浓度控制在爆炸下限的20%后在进行作业，工作人员进入事故现场，应立即控制气源、消除火种、切断电源、通风并驱散积聚室内的燃气；抢修人员应该全面消除隐患，在恢复供气后，进行复查，确认安全后再撤离。

城镇燃气作为居民的基本生活保障之一。本节根据以往的事故经验，抢修、抢险工作中的遇到问题，对目前用户燃气设施的管理和施工难点进行分析和提出解决的措施。

第六节 室内燃气设施安全检查要点

燃气易燃易爆性，使用不当引发安全事故危害巨大，直接威胁到人们的生命财产安全。城镇化建设中燃气管道呈网状结构发展，普及率不断提高，但因为室内燃气设施带来的安全问题数量不断增加，受到社会的广泛关注。燃气设施安全不但是燃气企业的主要工作，也应该得到燃气用户的重视。本节主要探讨室内燃气设施安全检查要点。

一、室内燃气设施安全检查分析

（一）入户安检现状

入户安检难度大。城市化进程加快造成流动人口数量增加，影响人们生活方式，存在较多的空锁房，部分居民并不配合安检员入户安检，这些问题造成安检员入户难度偏大。业务技能偏弱。入户安检牵扯到很多法律制度，加上部分安检员素质偏低，并没有意识到入户安检的重要性及注意事项，再者部分安检员并不能准确解释室内燃气存在的安全隐患，造成整改不及时。流程制度不完善。目前大部分燃气公司并没有形成完善的入户安检机制，也没有制定完善的安检流程标准，现有安检标准也没有全面落实。

（二）居民用气问题

胶管问题。分析户内燃气泄漏或爆炸事故发现，大多事故是因为连接燃气管道与燃具的胶管有问题造成的。一般情况下，胶管安全隐患主要为：胶管连接处未使用管箍，长时间使用后胶管发生脱落；长期未更换胶管，胶管出现老化与龟裂情况。嵌入式灶具与燃气管道连接胶管相对隐秘，潜在安全隐患难以及时发现。私自改动燃气管道。部分用户为了美观，在装修厨房过程中私自调整燃气管道，但并没有开通风孔，造成通风不良出现安全隐患。燃气管道锈蚀问题。大部分老旧小区燃气管道长时间使用，受到环境等因素影响出现锈蚀情况，当锈蚀情况严重时直接穿孔发生泄漏。部分燃气企业为解决此安全隐患加大资金投资力度，更换锈蚀的燃气管道，但立管更换难度较大、操作不便，锈蚀问题并不能短时间内彻底消除。

二、室内燃气设施安全检查要点

（一）强化安检人员培训力度

燃气设施检查工作，由于室内燃气设施安全检查频繁且工作量大，再加上安检人员的安全管理意识薄弱等问题，对于开展燃气设施检查工作十分不利。因此，要顺利开展燃气设施检查工作要做到以下几点：首先要降低安检人员工作强度，以增加安检人员数量的方式来提高工作效率。其次应定期对安检人员开展技能培训和业务考核，提高其工作技能。同时还应对安检人员开展安全思想教育，加强工作人员的责任感和使命感。最后，应根据不同地区或区域的管道布置特征和工作特点制定专门的室内燃气设施检查方案，同时将其与工作人员的业绩挂钩，制定相应的奖惩制度和考核指标，用以提高工作人员的工作效率和工作积极性。

（二）确保室内设施的完整性

燃气安检人员对室内燃气设施全面检查，并详细记录检查结果，同时让用户签字确认，及时排除发现的安全隐患。如安全隐患解决难度较大，需联系维修人员及时解决。燃气安检人员检查时主要检查阀门及管道间接口，燃气企业与用户共同承担维护室内燃气设施的完好。

检查方法为：用户日常使用中经常检查接口是否存在泄漏问题，在接口处涂抹肥皂水观察是否有气泡产生，如果存在泄漏会有气泡，反之则无气泡。使用专用的耐油与耐压燃气专用软管连接灶具与灶前阀，通常 2 年更换一次软管，软管不宜过长，长度要 ≤ 2m。燃气具质量过硬，具有良好的燃烧性能，不存在脱火、回火及燃烧不充分等情况，当出现质量问题时应及时维修或更换。此外也存在因为室内燃气表泄漏引发的爆炸事故，除了日常安全检查与维护也要避免燃气器具表明发生磕碰，使用寿命到达后及时更换或检修。

（三）引入先进管理装置

控制燃气事故的有效措施就是安装燃气泄漏报警装置。当燃气泄漏且浓度达到爆炸下限的 20% 时报警装置会发出报警声，如果燃气泄漏持续进行，室内燃气浓度继续增大，燃气管道上安装的电磁阀开始工作，直接将燃气通路切断。当泄漏点在阀门后时会终止泄漏，避免事态持续恶化。

（四）加强安全宣传力度

要解决燃气安全使用问题，首先燃气供应商和相关部门应加强燃气安全教育宣传力度，其次对每一个用户进行燃气正确使用教育确保自身和家人的安全，只有将两者完全结合，才能有效解决燃气安全使用问题。使每一位用户对燃气安全使用引起足够的重视，提高警惕程度，促使用户在燃气使用过程中不自觉地按照标准要求进行操作，从根本上杜绝燃气事故的发生。同时，燃气企业作为责任人，应该肩负起相应的宣传工作，加强燃气安全宣传，定期向用户普及一些燃气设备使用常识或发一些燃气安全使用手册，并在媒体上进行一定力度的宣传，使用户树立强烈的安全用气意识。从多方面入手提高室内燃气使用的安全性。

燃气行业越发重视安全问题，安全质量直接关系民众的生命安全。燃气企业强化室内燃气设施安全检查力度，给人们提供安全、优质的燃气服务。此外还应积极引入先进技术，强化质量管理，标准化与规范化处理入户安检工作，同时提供强大的技术支持，避免出现安检人员检查不到位的情况。希望通过本节的论述，为燃气行业从业者提供经验借鉴与指导。

第五章　室外管道安装

第一节　室外给水管道安装

我们都知道水是生命之源，人们的生产和生活都需要利用水资源，利用给水管道，可以提供给人们各种水资源，本节主要论述室外给水管道安装过程中的注意要点，促进室外给水管道顺利地安装，避免出现各种不必要的事故。

一、给水管道的分类

（一）生产给水系统

生产给水系统主要的作用就是对各个生产设备需要的水源进行供给，还可以进行详细的划分：生产给水、复用水、循环水系统。和生活饮用水相比，生产给水对于水质提出的要求不算高，合格标准就是一般洁净、无腐蚀和毒害的情况。除此以外水温、水压都要符合相关的要求。

（二）生活给水系统

生活给水系统主要是饮用、洗漱等各种生活用水，细分为冷水系统和热水系统。生活用水对于水质的要求很高，需要达到国家饮用水的要求。

（三）消防给水系统

火灾对于人们的生活来说是一种巨大的威胁，在城市或者工厂发生火灾会严重损伤人们的生命财产，在给水系统当中需要设置消防给水系统。消防给水主要是负责各种消防设备的用水，以供水压力的不同，可以分成高压和低压两种类型，利用高压消防水，可以保证消防水枪需要的压力，而低压消防车可以提供消防车等充足的水资源。消防用水对于水质的要求不高，可以不用进行消毒，直接使用。

二、室外给水管道安装注意要点

（一）测量放线

以设计图纸和现场勘察为基础，设置中心放线，将正确的坐标位置进行明确，按照图纸和土质的实际要求，确定管道外径，从而使开挖宽度和放坡系数以及钉埋标桩确定下来。

（二）开发土方

开挖土方需要利用挖掘机或者开沟机，将四分之三的土方量进行开挖，最后利用人工开挖的方式，在实现人工开挖之前，需要实现有效的复测，将桩打好，结合具体的要求实现修挖。

如果管沟的土质比较坚硬，那么可以不用做垫层，也不用采取夯实的措施，需要采取加固处理的方式。

（三）管材到位

对于需要采取安装的管材，需要将其运送到沟边，并且排放整齐，将管子的内部清理干净，将两端扎实，还要去除铸铁管子上部的沥青漆。

（四）下管找正

利用吊车下管子，下管子的过程中需要一端连接另一端，保持连续不断，在管沟当中大量的覆土需要进入到沟内，而管子找正主要分成直线找正和水平找正两个部分。

（五）检查承插口的间隙

施工接口的质量的重要因素就是铁柱管插口和环缝间隙，在实际施工过程中需要遵循相关的规定要求，将一定的油麻填料加入进去。油麻比较柔软并且具备一定的韧性，其中不会存在杂物。油麻的回填深度需要结合封口的材料为基础，石油水泥和膨胀水泥接口的填埋深度需要保持为管子承口实际深度的三分之一。青铅接口的实际填埋深度需要距离承口水线边缘的 5mm，通常情况下需要大于实际深度的二分之一。利用石棉水泥实现封口的时候，如果管径小于 400mm，利用油麻绕填。如果管径保持在 450mm ～ 800mm 之间，那么每一圈都要利用油麻填三圈。利用青铅实践封口的时候，需要按照同样的做法增加一圈到两圈。油麻在填的过程中，需要将油麻拧成麻花的形状，其具体的粗度应该是承口间隙的 1.5 倍，每缕的油麻长度经过绕管一圈或者两圈的时候，在接头处应该稍微长出来 50mm，在实际填绕之前，需要明确麻辫的长度、粗细，全面检查校正一段管道的时候，需要利用土压牢每根管道。

将填料填足打紧，封口材料就是青铅和石棉水泥，实现管口的养护。封好关口之后，可以利用覆土压的牢固一些，相关的封口材料实现合格的养护之后，就可以实现充水措施。

实现充水试压，安装好管道之后，需要将所有的附件进行连接，室外给水管道的最低点和附件的室内应设排水阀，需要给予高度的关注，可以将管道当中的砂、泥沉淀物进行排除，每间隔200m左右，应该设置一个具体的排水阀，管径应该不小于50mm。在实际检修管道的过程中，利用排水阀，可以将管道当中存在的积水排除掉。室外给水管道装置了排气阀，其是在各管网的各个最高点进行设置，管线在实际运行的过程中，可以将管段当中的排除掉，通过实践检修，并且重新充水，可以将管段当中的空气排除掉。在运行的过程中，给水也会析出的一些空气，可以通过排气阀进行排除。在管道当中存在一些空气，导致水压力出现波动，对日常的使用造成影响，因此埋地敷设室外给水管道的时候，在实际运行的过程中只会产生比较小的温度变化。例如在利用铸铁管承插连接的过程中，会产生微量的热胀和冷缩的情况，可以自行进行吸收，无需利用配备补偿器，但是要想将阀门进行检修，或者将阀门进行更换，如果缺乏补偿器，就无法拆除下来，如果是强行的拆除，也是无法装回去的，因此室外给水管道应该在阀门部位设置具体的补偿器，这样阀门的检修才会更加方便。如果没有安装，那么可以在内阀门的承插口的部分进行连接，可以利用青铅进行实际封口，对于阀门进行检修的时候，需要利用青铅进行接口的烤化，留出具体的间隙，将阀门进行拆除，并且安装好阀门之后，需要做出铅接口，具体的工作相对比较复杂。

要想将上述的要求全部达到，在实际安装过程中，就要利用合适的接口材料，安装管线需要结合具体的设计图纸要求，需要商定应有的技术，避免出现倾斜。如果检查出来地基属于原土，那么可以不做任何处理，否则就要立即夯实，并且做出专门的支墩派遣专人对于施工组织设计进行负责，设计安排工序施工方法，保证质量，这样可以促进施工人员更好的工作，从而可以合理、正常地利用室外给水管道。

第二节 不同管材给水管道的室外安装

一、室外给水管道的施工技术要求

无论采用何种管材，在室外给水管道施工前应对所选用的进场材料做全面细致的检查，进场材料必须具有出厂合格证和试验报告。同时外观质量应符合质量要求，在施工过程中应严格按照管道安装规范的一般规定施工，这是搞好工程质量的前提。

（1）输送生活给水的管材、配件应是同一厂家的配套产品。（2）塑料管不得露天架空铺设，必须露天架空铺设时应做可靠的保温措施，在无冰冻的地区，埋地铺设时，管道埋深不小于500mm，穿越道路的埋深不小于700mm。（3）给水管道与污水管道在不同标高平行铺设，其垂直间距在500mm以内，给水管径不大于200mm时，管壁间距不得小于

1.5m，管径大于 200mm 时，管壁间距不得小于 3.0m。（4）管道接口法兰、卡箍等应安装在井室和地沟内，不应直埋在土中。（5）在地下水位较高或在雨期进行管道安装时，应采取排水降水的有效措施。（6）塑料给水管道上的水表阀门等附件，其重量和启闭扭矩不应作用在管道上。（7）在冻土与松土上不得作为支设管道的地基。

二、不同管材的给水管道室外安装方法

（一）硬聚氯乙烯管 (UPVC) 管

硬聚氯乙烯管是国内目前塑料管材的主导产品，其制成品 UPVC 管材质较轻，密度为 1350kg/m³(钢材为 7800kg/m³)。维卡软化温度 86°，抗拉、抗弯、抗压缩强度较高，但抗冲击强度相对较低，适宜在非机动车道的 DN200 以下管道施工中采用。

下管之前，应将管沟清理完毕，沟底有凹凸不平时，应先修整。沟底为砾石层时，应先填砂 10cm 厚始可下管，下管前还应检查管材 (件) 是否有损坏。在管道安装期间，须防止石块或其他坚硬物体坠入管沟，以免 UPVC 管受到损伤。工作暂停或休息时，沟中管口须用盖遮住，以防不洁之物进入管内。

直径在 110mm 以上的 UPVC 管道采用胶圈接口施工法：

（1）插口沿 20° 角度削外角，预留尖端厚度约为 1/4t ~ 1/3t(t 为管壁厚)。

（2）自承口内取出橡胶圈擦拭干净，沟槽内也应擦拭干净，然后再将胶圈套回槽内。

（3）插口端标注插入长度记号 (一般在 15 ~ 16cm)。

（4）橡胶圈内面 (接触面) 与插口端坡角插入部分涂敷润滑剂 (通常使用洗洁精)。

（5）两管用拉力器套接，须使两管中心位于同一轴线上，不得偏斜，眼观两管之间之缝隙是否均匀可以判断是否同一轴线，拉力器拉入之后套接应是很顺利轻松，最后用锯片 (或米尺) 插入两管之间间隙测试橡胶圈是否移位，如移位应拨出重新套接。

直径在 110m 以下的 UPVC 管道采用胶水粘接法：

（1）插口端沿 30° ~ 45° 角削外角，预留之尖端厚度为 1/3t。

（2）承口内壁及管端外壁插入范围，先用干布擦拭干净，然后两管插入范围内涂上适量的配套胶水，待部分溶剂挥发而胶着性增强时，则即可用力插入，小管子可旋转 90°，使胶水分布更为均匀。较大口径管道插入后。管端可垫以厚木板，用锤击入或以铁棒撬入，使插接更为紧密。

（3）插入后，应维持约 30 秒始可移动。

（二）球墨铸铁管

球墨铸铁管以其强度高、韧性大、封闭性能佳、抗腐蚀能力强、安装施工方便等优点已被广泛应用于 DN300 ~ DN600 供水管网中，但在使用过程中出现以下问题：

（1）安装不易到位。应用球墨铸铁管安装方法进行安装时会发生管道安装不易到位的情况。经分析造成此现象的原因是由于安装时管子受力不匀或管子吊装不正。致使摩擦阻力增大，从而发生管子不易到位。因为采用绳子滑轮进行安装时，管子两侧的滑轮不易处于管子中心线上，即使管子两侧用力一样也不能保证管子受力均匀。针对这种情况，制作了一只钢马鞍（其内径略大于管外径），在其下口处于管子中心线的位置焊吊钩。安装时将马鞍置于承口端，这样就保证了安装时管子两侧受力均匀。

（2）与钢管的接口转换。以往球墨铸铁管与钢管的连接有两种方法：一种是 DN300 以下的采用机械接口配件进行连接；另一种是采用钢制双承进行连接、接口形式为油麻膨胀水泥接口（一般在 DN300 以上使用，DN300 以下较少用）。在施工过程中我们发现：如采用机械接口形式，在压力较高的区域经常会出现配件被水冲跑而漏水现象；如采用油麻膨胀水泥接口，一方面劳动强度比较大，另一方面水泥接口为刚性接口，在沟槽基础较差、回填质量稍差及外加荷载较大的情况下经常会出现接口损坏的情况，而且采用水泥接口也相应延长了工期。

针对这种情况，一些施工队经过研究和试验总结出了一种较为实用的方法——钢制标准管转换法，即制作外径与球管插口外径相同的钢制标准管，将标准管焊接在卷板钢管上，然后将钢标准管插入球管承口来进行安装。如果是球管插口与钢管相接，则在相接处增加一个球铁双承，然后再用标准管进行转换即可。这样不仅减小了劳动强度、加快了施工进度，同时也提高了一次试压成功的可能性和供水的安全可靠性。

（3）曲线铺管。在管道安装中经常有曲线铺管但弧度不大的情况，此时应先进行直线拉管等管子安装到位后再进行弯转，在安装过程中须在弧的内侧用小木桩将已铺好的管子撑稳，以免位移。

（三）钢管

钢制管道具有取材加工制作方便、安装技术成熟等优点，广泛使用在过河、穿越重要道路及复杂特殊地段。其既可用于埋地敷设，又可用于架空穿越管道障碍。但钢管最大的缺陷就是在自然环境中易产生腐蚀。因此做好钢管的内外防腐是延长钢管使用寿命的重要环节。

管道外防腐采用四油二布，外壁除锈至露出金属光泽后，涂环氧煤沥青四遍，间层缠脱蜡中碱玻璃布，涂层干膜总厚度不少于 0.6mm；管道内防腐采用水泥砂浆衬里：焊接处用冷缠胶带。

钢管的接口多为焊接，为了提高焊缝强度，在管口处须做成坡口，焊接管的两个端面须平行，并保持一定距离，以确保施焊质量。由于管材的自重，管口会产生椭圆度，造成错口，错口过大，也会影响施焊质量。由于焊缝集中地段是受力的薄弱环节，对于大管径的各管段对口焊接时，应使其纵向焊缝互相错开不小于 100mm 的距离，同时也应使纵缝安置在表面，以利检查和修理。

室外给水管道系统，由于受各种因素的影响经常发生渗漏等现象，给人们的生活带来极大的不便并造成水资源的大量浪费，有时甚至危及建筑物及公共设施的安全。实践证明，在室外给水管道的安装过程中采用上述方法，安全、节约、简单，可以有效地避免常见故障发生，从而保证城市生活用水的供应。

第三节　室内消防管道安装

一、消防管道系统的特殊性

（1）消防管道比一般的管道要承受更高的压力，这主要是因为消防管道在使用过程中需要喷射灭火，而喷射需要较高的压力、较大的强度，所以这一特殊性要求消防管道的承压性强，加上消防设施中需要有喷雾、喷头等装置，只有保证足够的压力才能保证切实满足消防的需要。

（2）维护难度大。消防管道的维护要求技术人员有专业的技术水平，加上消防管道有着较为分散的布置、较长的分支管道，同时现代消防设施对美观性也有着一定的要求，所以维护和管理工作较为困难。此外，消防管道具有备战性质和突发使用性，所以在日常管理中很多工作人员并没有十分重视，尤其在平常没有火灾事故发生时更是不会重视消防系统的维护管理，导致消防管道容易出现问题。

（3）消防管道所处的环境较为复杂，不但需要应对恶劣的外部环境，同时需要面临内部的腐蚀，内部介质很容易发生氧化腐蚀作用导致管道出现质量问题，无法正常使用。比如在设置室内消防给水系统过程中，需要通过管道将屋顶的消防水箱和室内管道相连接，水箱中沉淀的主动性质的杂质会腐蚀消防管道，氧腐蚀造成管道渗漏。

二、消防管道的安装

（一）安装工艺

室内消防管道安装流程如下：施工准备→安装干管→安装报警阀→安装立管→安装支管及消防栓→安装水流指示器和水泵接合器→试压→冲洗管道→试压冲洗系统→安装报警阀配件、消防栓配件→系统试水。室内消防管道的管径通常选择 DN100 左右的，如果管径较小可以选用镀锌钢管并采用丝扣的连接方式，如果较大可以选用无缝钢管镀锌并采用卡箍连接方式。

（二）焊口严密无渗漏

连接消防管道多采用焊接的方式，连接阀门采用法兰进行连接，这种连接方式对后期维修可以提供很大的便捷。焊接管道中需要保证焊接的质量，避免出现气孔、夹渣、未焊透、未熔合等问题。对于焊接技术人员，应当充分掌握各种焊接技术，如平焊、立焊、仰焊等，要对焊接电流和直径匹配选择方面有着充分了解，具备电气、安全等相关知识。在焊接完成后，应当通过水压试验确定焊接的严密性，如果出现渗漏水需要再次焊接并进行检查。

（三）消防用水管道的连接

随着建筑规模的不断扩大，消防管道工程量也有所增加，同时其施工质量也容易出现问题。消防系统能否正常运行、使用寿命能否达标直接受消防管道安装质量的影响。当前有的施工单位为了节省成本、减少物资支出常常会忽视消防管道安装工作，造成消防工程施工中存在质量不达标的情况。根据相关技术规范要求，在开展消防管道施工过程中应当连接法兰，接头连接方式可以采用沟槽、螺纹管等配件，这些连接方式在提高连接处抗压能力上有着非常良好的效果，有助于将消防给水管道的可靠性提升。不过很多施工单位在安装过程中都采用焊接的方式，主要包括以下两种：①在破坏常用的给水钢化管道上的镀锌层，导致给水管道的抗氧化能力下降，不良好的焊接方式会加速管道焊接腐蚀的进程，降低了消防给水管道的使用寿命；②采用焊接方式的时候，不能有效地保证管道安装施工质量的要求，降低了给水管道的抗压能力。

三、消防管道设计安装应用

某汽车4S店的建筑面积为3324m²；共计占地面积1827m²；高度10.17m；抗震设防烈度为Ⅶ度；维修车间防火分类为Ⅱ类，耐火等级为三级。给水管线的布置和敷设具体如下：

（1）架空敷设维修车架管线。在修理车间沿墙位置分散布置了较多的洗手盆，为了节省成本不在每个洗手盆都设置引入管，各个洗手盆、卫生间共用同一根引入管，不过这就增长了车间内给水横干管，我们需要考虑的是，选择沿墙敷设还是埋地敷设。通过调查众多4S店的给水管线布置情况并对该店进行分析，认为埋地敷设的方式不利于保证维修车间的安全，地面较大的荷载容易破坏埋设物，并且难以及时检修埋设管线，为此，最终确定选用架空敷设的形式。经过多个维修车间的考察和长时间的使用可知，这种方式十分科学。

（2）管线不可从烤漆房内传过。烤漆房有着较高的温度，有着较为严密的密封性，不允许传动，所以在管线架空敷设中需要注意的是避免从烤漆房经过，可以从外墙敷设。

（3）管道不允许敷设在备件库内。在4S点中，需要将修车所用配件存放在备件库，会将不同高度的架子沿墙放置用以存放备件，如果沿着墙壁敷设给排水管道必然会对存放备件的架子的稳定性产生不良影响，还可能对货架上的备件质量产生不良影响，为此，应当绕行通过备件库。

四、消防管道的氧化腐蚀问题

消防管道发生氧化腐蚀可能造成严重的后果，比如：①腐蚀减少了管道的有效壁厚，将管道原有承压能力降低，如果管道比设计压力过低那么很可能会在管道内压过高时出现爆炸等危险事故。②管道通水能力会由于沉淀过多锈蚀物而降低，甚至管路出现堵塞的问题，影响给排水管道的正常使用，尤其是自动喷水灭火系统，如果堵塞了阀件或者喷头会对整个消防系统的灭火能力产生不良影响，甚至出现安全事故。

清水是消防管道的内部介质，所以电化学腐蚀也是最常见的腐蚀问题，腐蚀的强弱和溶解氧含量有着正比关系。为了预防处理氧腐蚀问题，应当注意以下几点：

（1）以规范标准为基础对管材、阀门、管件等材料进行合理选择，采用镀锌钢管作为气体灭火系统，钢管用于低倍数泡沫灭火系统。管路中输送介质的流量、方向等参数直接受控于阀门，有着较大的局部阻力，也有着较为严重的腐蚀性，所以尽量不选用铁质材料。

（2）防腐处理管道，将管道和外部环境隔绝。通常除油、除锈、酸洗等表面处理办法是常见的管道防腐措施。对于埋地管道的防腐处理可以选用沥青绝缘方法。在施工中应当加强保护经过防腐处理的管道，避免破坏防腐层。

（3）确保除氧器中溶解氧含量控制在较低的水平，提高其应用效果。

（4）设计中对水流速度对氧腐蚀的影响进行充分考虑。

（5）将系统泄漏量进行合理控制，尽量将补水量减少，最好控制在 0.5% 以内。

（6）加强监督管理水质，定期进行排污、排气处理。

（7）定期保养，避免养护不善加重氧腐蚀情况。

消防管道氧腐蚀是常见的一种现象，对消防安全产生着威胁，所以我们应当加强重视消防管道的防腐，在合理设置消防管道的同时提高防腐材料的应用，提高管道安装及管道防腐技术，保证消防系统的良好应用，提高对管道的日常养护管理水平。

第四节　室外自来水管道的施工的组织与管理

自来水，是每个城市的必需品，因此每个城市的供水系统都需要完善。每家每户的生活用水都是通过管道渗透到居民家中。各个城市的供水都是网络式供水，对于管道网络施工就有较高的要求与规划，所以管道的施工管理就显得尤为重要。

一、施工方案

（一）拟施工方案

需要综合考虑施工过程中可能遇到的问题，对其做好相应的应对措施及部署计划，在出现问题时可以及时解决，以确保工程顺利完工，并且降低施工成本。确定完施工方案，还需审核施工图纸，根据现场情况，将设计图纸和现场进行比对，核实设计的合理性。如有未周全之处，需进行上报修改，对不周全之处进行完善处理。在未进行施工前，对施工场地进行勘察，了解周围的建筑和公共设施，如有桥梁和河道等设施，需将实际情况上报进行分析性审核。

（二）对管道材料的选取

聚乙烯（简称 PE）管道材料是首选，它也被人们大量运用在生活中。根据 PE 强度可分为 PE100 和 80，其数字的含义是在 200℃下，安放 50 年的最低强度。如后面的数字越高其强度就越高，相对耐用性也高；聚乙烯管材是一种较安全的材料，它也更方便施工和对其进行保养及维护。在对管材的招标采购时，质量把关至关重要。

二、安装水管道施工质量把控

第一，在进行沟槽开凿时，对其地壤进行分析来确定需要的坡度。如需挖掘很深的沟槽时，就需要进行层次式的挖掘，挖掘出的大量夯土应归置在沟槽的周围，以便展开回填时的运用。在进行夯土堆砌时，要重视其是否会塌方等。在判断操作断面时，需注意沟槽底部和旁边的深度，在进行中间分层时需预留相当的宽度，因为沟槽的相应宽度决定着水管道的尺寸。在施工时遇到雨季，就需要在夯土槽上堆砌土埂，如沟槽易囤积水，便可在其合适位置挖掘水沟。在进行沟槽挖掘时，先动用机械设备，将沟槽挖掘至 2 m 时改用人工作业方法，这样是为了避免做无用功。施工到超挖进，要用碎石对超挖基坑进行回填，回填至设计要求高度后，再进行夯土回填。通过这些烦琐的细节处理，使沟槽密度大于自身土壤的密度。第二，在进行管道铺设垫层施工时，需确保实际操作厚度和设计厚度相同，进行铺设完工后，要把混凝土立刻浇筑于内，避免压力过大而损伤垫层。在进行基础浇筑时，主要以钢模板的立模为准，与此同时，槽底标高和模板弹线之高度必须确定，并以此来确保槽厚度。位于管基的上方需要垫板来保证其强度，增加稳定性。第三，进行管道下管施工时，需动用机械设备平吊铺管，要使用较柔软的绳索。管道平放于沟槽后，管道的两端和沟槽需保持相应的距离，从而避免因槽壁坍塌造成水管位置的改变。在进行水管安装时，需保持管道内部无杂物，沿槽两边进行夯土回填，且保持沟槽内部干净，以此固定管道不让其移动或破裂。第四，开展水压试验，其目的在于确保判断管道质量的好坏。进行实验时，将管道的孔洞堵上来判断管道是否有渗水现象。压力指标表现在两方面，基于不同的标准做不同的测验。一种是进行水管的严密性检查，如正常压力小于管道内的压力，且超过 1.25 倍，就达不到标准，另一种是进行水管强度性试验，提升管内之压力至 1.5 倍，达到其标准。第五，对于阀门井施工时，不可以在浇筑垫层时使用带水方法，但需保证其建筑垫层的高度达到标准。将强度提高到一定的时候，再进行砌砖工作。在进行井壁施工时，对于砌砖的要求是做到竖直性，在砖与砖之间不可以留缝，使用饱满度高的灰浆。展开抹平砖面工作时，保持平整、无缝的标准。第六，夯土回填。其工作需确保回填时的土质，在回填过程中杜绝碎砖、混凝土块出现，而且要保持回填土中充足的水分，做到含水量恰如其分。事先做好各项实验，透过这些相关实验检测出在回填土内含水量的标准和密度值。在进行沟槽回填施工时，沟槽中不能有渗水和淤泥，单层回填土的厚度不可以超过 30cm。将夯土回填完整后还需要进行土层的质量检测。每层都经过相同的工序回填后才算合格，完工后对整个回填程序进行验收检测，其间的密度必须在设计施工范围内，以确保整个管道铺设的完整性，力求以高质量高标准完善施工工程。

铺设水管道工作是整个城市建设最基础、最根本的设施项目，这项工程具有隐蔽性，其施工的质量好坏直接关系人们的生产生活，体现出它的缺一不可。所以城市中自来水管道网络的铺设及管理到位，才能让施工工程本身的意义得以体现。由于各个城市的供水都是网络式供水，对于管道网络施工也有较高的要求与规划，所以管道的施工管理就显得非常重要。随着中国经济建设的迅猛发展，城市自来水管道网络施工时，要周全考虑怎样进行高质高效的管道施工工程，从而提高人们生产生活的效率。

第五节　压力管道安装焊接工艺质量控制

在日常的生产和生活中，很多易燃易爆、高温、高压、腐蚀性或者剧毒性气体或液体需要使用压力管道进行运输，压力管道因此也得到了广泛应用，管道用途不同，对结构强度和致密性有不同的要求，由于压力管道属于特种设备，需要具有极强的安全性和可靠性，高质量的管道焊接施工是基础。压力管道的安全管理和监察工作开始得较晚，导致很多人缺乏压力管道安全意识，压力管道是重要的石化传输装置和城市管网的组成部分，在安装施工中，稍有不慎就可能导致严重的质量问题，埋下安全隐患，威胁人们的生命财产安全。随着压力管道焊接工艺的不断改进，在施工技术和质量控制方面取得了很大的进步，但还需要提高对细节工作的重视力度。

一、分析压力管道安装焊接质量的影响因素

（一）安装焊接压力管道过程中相关仪器设备方面的因素

压力管道焊接时的电压、电流直接影响焊接质量，性能稳定、质量优良的高精度测量仪表十分重要，在安装过程中要严格按照设计尺寸进行施工，尽可能地减少外界因素带来的影响，减小测量误差，避免管道安装应力。

（二）焊接施工技术人员方面的因素

压力管道的焊接质量高低很大一部分取决于焊接技术人员，施工人员应详细掌握压力管道焊接要求和管道技术管理内容，严格按照专业的压力管道焊接流程进行作业，充分考虑可能影响焊接质量的因素，提前做好准备工作，对可能出现的影响因素采取必要的防范措施，认真检查焊接设备质量，避免造成管道焊接质量缺陷。

（三）施工环境方面的因素

焊接施工对施工环境的要求较高，周围温度一定程度上制约了压力管道的焊接质量，在适宜的环境中施工，才能确保焊缝组织的内在质量，同时使外观成形，满足压力管道的机械性能和金相组织要求。焊接温度需要达到焊接焊接需求温度，还要考虑温度对焊工施工作业是否有影响，当环境温度低于焊接焊接允许的最低温度，则需要根据焊接工艺对焊件进行预热处理，当焊件表面潮湿时应及时进行干燥处理。此外，由于大部分焊接工作需要在室外完成，焊接时的风速不能超过焊接方法中规定的限值。

二、控制压力管道焊接质量的有效策略

（一）充足的前期准备工作

1. 清理机械加工和坡口

在进行压力管道焊接施工前，应重点检查焊接处的坡口尺寸、错边量、装配间隙等，依照具体情况选择合理的加工方式。在加工完坡口后要及时清除表面油污、氧化皮和熔渣等杂物，打磨接头处凹凸不平的位置，确保坡口干净整洁无杂质，避免污染的坡口给接头带来的不良影响，确保压力管道焊接质量。一般情况下，两侧母材和坡口清除范围不得小于 20mm。

2. 确定焊接位置

在彻底清理完坡口后需要进行压力管道接头组对工序，该环节是管道工程施工的基础条件，正确的接头组对十分关键，在开展施工作业时，应严格按照相关焊接工艺施工，确保钝边大小、间隙、形式都完全匹配合适，严禁出现焊瘤、凹陷、未焊透等质量缺陷。此外，接头组对间隙应均匀，在确定焊接位置时要确保管道内部平齐，管道内壁错边量不得超多

管壁厚度的10%,最多不超过2mm,如果壁厚不能满足相关要求,需要进行必要的修磨处理。

3.选择高水平的焊接人员

影响压力管道安装焊接质量的因素中人为因素占首要位置,要想有效地控制焊缝质量,离不开高素质的专业焊接施工人员。从事焊接工作的人员应取得国家认可的特种设备焊接资格考试,并持证上岗,避免非专业人员参与压力管道焊接作业中。做好焊接人员筛选,在持证人员中优选出实际操作能力强、综合素质高的人员,从根本上减少人为因素对压力管道焊接质量的影响。

4.准备并检验相关设备

焊接压力管道时常用的焊接设备有手弧焊机、氩弧焊机、焊缝热处理装置等,在开始焊接工作前,工作人员应全面、仔细地检查所有设备的性能,确保所需设备具有良好的性能,避免设备造成的焊接质量问题。

（二）优选并严格控制材料质量

焊接材料是保障压力管道安装焊接质量的基础,关系工程质量、进度和成本,加强焊接材料采购、验收、使用等各个环节的管理,施工单位要不断完善材料管理体系,实现科学、合理、系统的管理模式。在选择、验收和使用焊接材料时应严格按照国家相关规定进行,在进行焊接操作前应全面查验所需材料,当焊接材料质量、规格、型号等出现问题时应及时调整或者更换,避免选择和领用时发生错误。当材料表面存在油污或者锈蚀等杂质时,要采取必要的处理措施或者替换成符合要求的材料。压力管道的主要组成材料有管子、阀门、管件、法兰、螺栓、支撑件等。通常在管道焊接前会先铺设管道和配件,因此,在选择焊接材料时需要考虑压力管道材质、管道承载体的性质,如当管道输送易燃易爆或者化学品时,施工人员应清理干净压力管道,选择与载体无反应的焊接材料。

（三）评定焊接工艺

专业技术人员应参照设计图纸,根据设计要求评定压力管道的焊接工艺,充分考虑现场的具体情况,制定科学的压力管道焊接方案。在开始焊接前,技术人员和施工人员应对施工工艺、材料等做详细的技术交底,确保焊接施工人员清楚掌握电压、电流、电流种类、速度、焊接层数、温度、焊接顺序、焊接角度等相关要求。焊接施工过程中除了按照相关操作要求进行外,施工人员还应做到随时自查,及时发现并处理存在问题的焊缝,从而确保压力管道的焊接质量。

（四）加强压力管道焊接的检测和监管力度

为了确保压力管道的焊接质量，加强检测和监管力度是一项常用的有效措施，主要有外观、压力试验、无损探伤等方面。外观检验重点针对焊缝外形、宽度、余高、咬边等常见问题，同时还需要检测焊缝与硬度确保达到预期焊接要求。在焊缝外观检查合格后需要进行无损探伤，检查焊缝内是否存在气孔、裂纹、未熔合、未焊透等问题，超声波和 X 射线是常用的无损探伤方法。压力测试则是针对完成部分管道进行打压试验，检测管道是否达到要求压力，是否存在漏电。除了施工人员自查外，现场还应设置专职监理人员，不仅要检查施工方案的合理性，还要客观地评定焊接工艺，合理地分析焊接技术、方法、焊接位置、填充金属型号等。

压力管道焊接质量关系压力管道的整体质量和安全性，焊接施工是一个复杂的过程，任何施工细节问题都可能导致严重的质量问题，影响管道的正常使用。良好的焊接施工能够有效延长管道使用年限，减少施工和维护成本，对高性能、高质量的管道运输有着重要意义。施工单位在不断提升施工技术的同时，还要加强质量管控力度，完善管理体系，消除安全隐患。

第六章 锅炉安装

第一节 锅炉安装焊接中常见的质量缺陷

在开展锅炉安装的过程中需要多种安装手续，其中焊接工作是重要步骤。在锅炉焊接的过程中经常会遇到一些质量上的问题，导致锅炉质量无法得到保证。锅炉在使用的过程中需要通过加热来完成相应的任务，因此在焊接技术发展的过程中，需要对受热面积进行严格的控制，从而更好地促进锅炉的安全使用。确保锅炉使用的安全同时也是锅炉在安装过程中的技术难题。本节对锅炉安装过程中常见质量缺陷及控制要点进行探讨，希望能够更好地促进锅炉安装工作的顺利进行。

一、锅炉安装焊接中常见质量缺陷

（1）未熔合。在锅炉安装焊接的过程中，经常会出现未熔合的质量缺陷，导致锅炉出现一系列的安装质量问题。出现这种情况的主要原因是焊接过程中各项参数没有处在正常的范围，其中焊接电流、焊接速度都需要得到良好的控制，如果焊接电流过小或者焊接速度过快，就会出现未熔合的焊接状态，使锅炉安装在焊接的过程中无法充分落实相应的焊接工作。相反，如果焊接电流过大，那么在熔化过程中就会出现过快的现象，导致木材的未熔合状态。焊接时间过短会导致热量散失较快，使母材未熔合的状态变得更加严重。

（2）未焊透。在开展锅炉安装焊接的过程中，由于锅炉的受热面在焊接过程中会出现一定的倾斜角，因此很容易出现未焊透的情况，无法使管子充分发挥相应的作用。其中主要因为管子的管径和管间距无法充分满足相应的焊接要求。在开展焊接的过程中，需要对管排进行严格的排列工作，充分落实相应的焊接工作。但是由于焊接空间过于狭窄，导致经常容易出现未焊透的现象。

（3）夹渣。在夹焊的过程中需要对焊缝进行充分的处理，确保夹焊的质量。导致夹焊质量产生缺陷的原因有很多，焊缝没有得到及时清理是其中重要的原因之一。焊缝的边缘由于焊接过程中产生的熔渣，导致坡口角度减小，使焊接电流无法充分拥有良好的焊接速度，引起电弧变长以及夹渣的产生。

（4）气孔。在锅炉焊接的过程中，焊接材料的选择会对焊接质量产生重要影响，造成严重的焊接缺陷。在焊接材料的选择过程中，焊接人员需要按照相应的焊接要求选择正确的焊接材料。同时，焊接人员还要能够充分注意环境对焊接工作的影响，焊接的电极长时间放在潮湿环境中，会导致镀层发生变化。焊接过程中的焊芯腐蚀会导致相应的焊接气孔出现，从而形成各种焊接杂质，影响了焊接质量。在焊接技术的使用过程中，焊接人员在开展焊接工作的过程中会由于各种原因导致电流过大，引发各种不良现象，使锅炉出现气孔，严重影响了锅炉的质量。

二、锅炉安装焊接材料准备及焊接温度要求

（1）焊接材料选择。在开展焊接工作的过程中，对焊接材料的选择应该严格按照《火力发电厂焊接技术规程》中的相关规定进行选择，能够采用更加有效的方式完成焊接工作。在开展相关单位焊接材料采购的过程中，需要对焊接材料进行入库、烘干操作，使焊接材料能够在采购的过程中充分发挥焊接材料的品质，确保焊接材料的物理性能能够满足相应的锅炉焊接要求，使锅炉能够拥有更好的使用性能。

（2）对焊条药皮进行耐潮性试验。在对焊条药皮进行耐潮性测试的过程中，需要通过更加有效的方式来确保焊条满足相应的施工要求，如果药皮耐潮性变差，就会导致一系列的焊接问题，严重影响焊接工作的顺利进行，出现未焊透的现象。在焊接工作开展的过程中，焊条需要在水中充分浸泡4小时，查看药皮的质量情况是否符合标准，从而确保焊条药皮能够满足相应的要求。

（3）焊接材料烘干。如果焊接材料太过潮湿，会导致很多锅炉焊接过程中出现问题，导致出现气孔以及未焊透的情况，影响锅炉焊接的质量。在开展焊接工作的过程中，需要相应的锅炉焊接提供焊条，并且使焊条能够得到充分烘干。在开展焊接工作的过程中，焊接人员需要充分保证焊接材料的烘干，在库内设置温度计和湿度计，对焊接材料的温度和湿度进行控制。焊接材料不能够直接放在地上，应该离开地面和墙面300mm左右，从而避免焊条受潮。

三、针对锅炉安装焊接中常见质量缺陷的控制措施

（1）采用技术措施减少影响因素。通常情况下，对于客观因素引起的锅炉安装焊接错误，需要在焊接的过程中采用一系列技术有效进行预防和控制。首先，焊接人员可以在焊接开始之前对焊缝进行检查，排除焊缝不平整以及焊缝存在污垢而形成的焊接问题，需要对焊接进行技术上的改进。如果焊接工作在开始焊接的过程中依然存在较大的变形问题，那么在焊接开始的过程中需要通过切割等工艺充分落实对背焊现象的落实，使未焊透的现象得到充分的避免。其次，焊接工作人员在开展焊接工作的过程中需要相应工作人员将焊

接间隙控制在一定的范围内，从而使焊接工作能够尽可能地满足要求。

（2）夹焊的控制措施。夹焊的主要控制措施就是对坡口边缘进行处理，在进行电流焊接的过程中，焊接速率要能够充分满足相应的焊接要求。在焊条的选择上，要能够选择高质量的焊条，从而对夹渣的形成进行控制。

（3）气孔的控制措施。在气孔的控制过程中，不能使用锈蚀的焊芯，而是应该充分确保焊接过程中电流的强度能够适当，焊接的速度能够满足相应的要求。因此在开展锅炉安装和焊接工作的过程中，需要对气孔进行防范。

锅炉安装焊接技术是安装过程中的核心内容，它直接关系到安装后的生产安全，因此应该提高锅炉安装焊接的质量，确保锅炉投产使用后能够安全、稳定地运行。

第二节 锅炉安装和调试的要点

锅炉由本体和辅助设备构成，其中锅炉本体包括钢架、炉排、锅筒以及省煤器。在锅炉整个安装过程中，需要安装多个部件，安装难度大，安装过程中任何环节的质量都会对整个锅炉的安装造成影响。因此，锅炉的安装和调试要点需要从每个环节出发，对每个部分的安装调试进行质量控制，以便促进锅炉的顺利运行。

一、锅炉安装准备要点

锅炉安装准备的要点包括六点：第一，要确定锅炉安装的施工方案。在锅炉的安装调试过程中，方案是支持安装调试工作的重要依据，施工方案主要包括工艺流程图和技术措施、质量控制标准、安全技术以及组织结构等。第二，要进行相关的人员技术培训。锅炉安装过程中，锅炉安装施工人员必须有从业资格证书，且在锅炉安装前需要进行一定的技术培训工作。第三，进行材料的质量控制。锅炉安装前，相关的安装材料需要做好准备，不仅要保证材料的数量，材料的质量也必须得到保证。第四，准备好机械设备。锅炉的安装过程中，所有的施工设备都需要进行检测，所有设备的使用都要通过功能检验，符合标准后方可投入使用。第五，要进行技术资料的审查，即安装方要对技术质量说明书、设备合格证以及强度计算书、热力计算书等证书进行检查和审核。第六，要进行备案记录。建设单位需要携带技术审查资料、锅炉平面设计图、相关承包合同、施工组织设计等资料，且以上资料到检查机构进行备案登记。

二、锅炉安装和锅炉调试的关键点

锅炉安装工作较为复杂，要把握好安装要点，必须控制好重要部件的安装工作，做好钢架、炉排、锅筒、省煤器以及其他附属设备的安装调试，保证每个环节安装的质量，进而保证锅炉整体安装质量。

（一）锅炉钢架安装与调试

锅炉钢架的主要组成部分为：支撑系统、顶板梁、立柱以及横梁。钢架的安装和调试工作如下。

首先，进行画线和基础验收。在锅炉安装施工之前，施工人员要根据施工图纸验收基础，保证锅炉尺寸以及锅炉浇筑质量与相关规定一致。锅炉基础上要有标高基准点、纵向中心线以及横向中心线。锅炉基础外形尺寸的偏差一定要控制在20mm以内，基础中心线偏差柱间不能超过10mm。

其次，要组装钢架，施工人员要先核对供货清单，保证钢架的质量与数量满足锅炉安装需求，在此基础上对立柱弯曲度进行检测，一旦发现立柱出现变形情况，则对钢架进行校正。在拼装钢架的过程中，立柱的安装采用对称组装起吊固定法。在立柱安装过程中，立柱的弯度应该控制在–6至+2mm以内。在横梁的焊接过程中，点对衡量的顶端进行点焊处理，再焊近1m左右的标高处横梁，最后再进行中间衡量的焊接。

再次，要进行钢架安装。施工人员可以选择两台吊车配合，把钢架吊装到指定的位置，然后连接衡量。通常情况下，立柱与横梁都采用分散短弧焊接，钢架主要中心线偏差要控制在–5至+5mm以内。

最后，进行平台扶梯的安装。施工人员焊接固定平台和托架，吊装扶梯后，校正扶梯的斜度和水平度，确认无误后点焊牢固。

（二）锅炉炉排安装与调试

锅炉炉排的安装与调试工作包括：第一，施工人员对照供货清单，施工单位要与监理单位、建设单位对炉排零部件进行清点，要保证零部件没有损坏、没有断裂也没有毛刺，要保证炉排安装的零部件质量。第二，画出炉排前轴中心线、后轴中心线、安装标高线以及锅炉标高线及转向等基础线，以保证锅炉安装能够顺利展开。第三，安装墙板横梁，即根据所画的基础线安装墙板支座，就位找正，然后进行灌浆工作，当混凝土强度满足设计强度的75%以后，进行横梁的安装。第四，安装前轴和后轴。施工人员要找准轴径和轴承之间的间隙，在间隙中上润滑脂，进行密封装置的间隙调整，要保证其间隙水平度不能超过1mm。第五，安装链条以及炉排。施工人员要把链条拖至导轨，用倒链拉紧链条，同时用销钉连接，保证滚轴能够灵活转动。在此基础上逐排安装炉排片，将其安装于主动轴上，炉排两侧插入夹板孔，并根据施工图纸适当留出炉排之间的间隙。第六，安装传动装置。施工人员要把联轴节装至前轴以及减速箱轴径中，传动装置就位找正，在水平度达到标准要求后进行灌浆，混凝土强度要与设计要求的 75% 一致，达到 75% 以后进行一次复测。

（三）锅炉锅筒安装与调试

锅炉锅筒的安装与调试要求较高，因为锅筒需要用钢板辊压实焊接成一个圆筒的形状，是锅炉的受压部件，施工人员在进行安装与调试的过程中必须引起高度的注意，具体措施如下。

首先，施工人员要检查锅炉锅筒的外观，主要是看焊缝处有没有缺陷、是否存在损坏。还有要进行锅筒尺寸、弯曲度以及椭圆度的核对，要保证锅炉锅筒的各项数据与设计图纸要求一致。

其次，在外观检查完成后，施工人员要从锅炉安装位置、起重机械的大小等实际情况出发，选择一种合理的起吊方式，起吊炉筒。为了保证起吊的安全，施工人员可以先进行试吊，在保证绳索受力情况符合相关标准并能承受炉筒起吊的能力后，方可进行锅筒起吊。

最后，安装找正。锅筒的安装位置对受热面的均匀度造成直接影响，若炉筒安装位置不准确，受热管子即无法深入到炉筒中，当管子变形后，不仅会影响锅炉的安装进度，还会导致整个锅炉安装质量受损。因此，在锅炉锅筒吊装到指定位置后，施工人员根据预先设置的标记进行找正，要保证炉筒纵向中心线、横向中心线到立柱中心线的距离相等。假如锅炉纵向中心线、横向中心线到立柱中心线的距离不在 −5 至 +5mm 之间，则应该进行重新找正。

（四）锅炉省煤器安装与调试

省煤器可以利用锅炉烟气进行液体加热，常用于压力小于 2.5×10^6Pa 的锅炉，不仅耐腐蚀性强，且维护费用较低，对于锅炉的安装而言，不仅能够保证锅炉安装的质量，还能够保证安装方的经济效益。省煤器的安装与调试工作主要包括：第一，施工人员要进行零部件的清点。主要是对弯头管、支撑架以及铸铁鳍片管等多种零部件进行核查，除了对外观检查以外，还要对其质量进行核查。第二，基础画线和基础验收。施工人员应该仔细观察图纸，对省煤器安装基础的尺寸、强度以及平整度进行核查。第三，进行支撑架安装。施工人员要先确定基准点，找准纵向基准线、横向基准线的中线点，然后清理螺栓孔中的杂物，如，灰尘、渣滓等。当起支撑架吊装到基础上时，找准就位，要将水平方向的偏差控制在 −3 至 +3mm 之间，标高偏差不能超过 5mm，水平控制在长度的 1/1000 以内。第四，进行铸铁管安装。在进行铸铁管的安装以前，当水压试验合格后，采用起吊器械把铸铁管吊到支架上，相邻的两个铸铁管可以根据顺序或者采用错列的方式进行安装。两根铸铁管之间的距离与设计要求的距离偏差应该控制在 −1 至 +1mm 以内。第五，进行弯头管安装。

施工人员在连接铸铁管与弯头管的过程中，螺栓应该从里往外穿，并用细钢丝连接相邻的螺帽，防止螺帽脱落。另外，在弯头管和肋片管中要安装石棉橡胶板，起缓冲作用。

（五）锅炉附属设备安装与调试

锅炉的附属设备安装主要包括水位计安装和压力表安装。第一，水位计的安装。由于水位计通常都是玻璃管，因此，施工人员要根据实际情况对水位计加装保护外壳，同时要注意控制安装的高度，以便操作人员观察水位。第二，压力表的安装。压力表主要是用来测量锅炉的压力值，操作人员通过压力表掌握锅炉内压力大小，进而根据使用需求和安全性进行锅炉内压力的调整。在压力表安装之前，施工人员要进行安全检测，产品检验合格后方可投入使用。压力表的安装位置要便于操作人员观察和维护，同时也要防止受到震动、冻结以及高温的破坏。因此，压力表的安装需要缓冲弯管，在弯管和压力表之间安装旋塞阀，以便操作人员进行压力表的拆修。

锅炉安装拥有多个零部件安装和调试，安装工艺复杂，安装要求高。因此，工作人员在进行锅炉的安装和调试过程中，要对锅炉安装和调试的要点进行重点分析和细致研究，通过总结要点对安装工艺流程进行梳理，从而明确安装工艺的要点，最终做出安全操作方案，对调试工作内容进行细化，提高锅炉安装的质量和效率，促进锅炉安全、稳定地运行。

第三节　锅炉安装及调试要点

一、锅炉安装要点

（一）加强对炉排的控制

在安装锅炉的时候，会有炉排掉链的情况经常出现在使用锅炉的过程中，从而导致工作人员不能有序进行工作，锅炉运行效率受到影响，所以一定要给予更多的关注在炉排问题上。不合理的柱、链条等零部件的尺寸会造成炉排掉链的情况，这是由于所需零部件的尺寸和零部件尺寸有偏差情况的存在或在安装时不完全严谨，从而有炉排松紧不一致的现象的出现。在安装锅炉期间，对于零部件的细节问题一定要注意，要使用规范零部件，在还没开始安装之前，对于各零部件的尺寸大小是不是符合安装需求需要进行确定，安装时要认真负责，使安装的合理与适度能够得到保证。

（二）加强对炉门的控制

在安装锅炉期间，要特别注意炉门。因为在使用锅炉的过程中炉门松动与脱落的现象会经常会发生，这种现象的产生很不利于锅炉的运转，会损耗热量，从而浪费一定的资源。

因此在安装锅炉的时候，对炉门的安装管理一定要加强，使用科学合理的方法。在安装锅炉的实际工作中，对于这个问题施工人员经常会忽略，导致炉门出现松动与脱落现象，所以在实际的安装工作中，安装人员应该加以重视这一问题，并且在锅炉的运行过程中维护炉门，使其使用寿命延长。

（三）加强对水冷管壁的控制

在安装锅炉的过程中，必须要关注的问题还有水冷壁管，由于很容易堆积杂物而产生污物在水冷壁管，如果水冷壁管内存在较多杂物，锅炉在进行运转的时候，其性能的发挥会受到影响，锅炉的运转同时会受到影响，在一定程度上锅炉燃烧器的运作会受到影响，长期工作下，锅炉内部的受热管会受到损坏。所以，在进行安装锅炉过程中对于水冷壁管内是不是存在杂物一定要进行检查，如果存在，一定要及时进行清理，并且进行适当的保养，保证在完成锅炉安装后水冷壁管能够正常运行。

（四）加强对应用部件的控制

科学技术的不断发展，也促进了优化提升锅炉设备的应用性能，对技术及工艺手段要进行不断与时俱进更新。从目前的形势分析，不少新型部件已经融入到了锅炉的机械构造中，特别是引风机和鼓风机，生产技术水平和加工流程都实现了一体化发展，有些锅炉企业在生产流程中也投入了适当的新型设备，为了使锅炉生产能效不断提高，然而这部分因为工艺和应用标准等都发生了变化，就导致使用环节的应用性能与旧设备出现了偏差，该问题不仅对于锅炉能效发挥程度会产生影响，安装和调试难度更进一步增加了，也会相应增加相应的工作人员的工作量，所以，在开展安装锅炉工作的时候，应该从锅炉的符合性应用需求入手，对于选择的部件需要契合本身性能，从而从整体上使锅炉的运行效率提高。

二、锅炉调试要点

确保锅炉安全稳定运行的首要条件是锅炉的调试工作，只有调试工作做到位，才能为后续项目的推进和锅炉的正常使用夯实基础，所以不难发现，锅炉标准调试能够在需求标准上发挥重要作用，在安装锅炉工作结束以后才能逐步进行开展该项工作，这就需要从实际情况入手，开展锅炉调试工作要更加符合规范化需求，从而在实际工作中对限制性发展因素进行不断总结，在发现问题的第一时间优化解决问题，确保锅炉的安全稳定运行。

（一）打好提前量，做好前期准备工作

在锅炉的调试阶段，前期准备工作的高效渗透是不能缺少的，这就需要结合锅炉调试需求，选择调试形式要有针对性，并进行深入研究锅炉所处区域环境，通过进行全面了解

锅炉本身结构、细化需求，制定更科学合理的调试方案，使其与需求标准高度契合。在这个过程中需要注意的是，要进行优化调整调试工作的主体结构，配备专业水平强的调试人员，在还没开展调试工作之前应当进行全面检查应用工具，确保应用工具不足等问题不会牵制到调试工作的推进环节，所以工作人员的足够配备和工具使用性能的全面发挥上是准备工作的关键点，以上准备工作虽然从表面上来看并不具备较强的技术含量，但是它却能够为调试工作的高效开展提供积极有效的助推力。

（二）调试工作的保障性建设要加强

锅炉安全运行的根本性保障项目就有锅炉调试工作，在实际工作中不确定风险及问题有较高的发生频率，这就需要工作人员能够利用专业优势，进行精准掌控风险。只有工作人员能够深刻认识问题，才能确保能够在短时间进行解决及控制问题，从而从根本上使安全事故的发生概率降低，为锅炉调试工作的高效开展提供基础性保障。

（三）调试报告的汇总工作要做好

在实际锅炉调试项目的运行环节，环境和各类因素会直接影响它的能效发挥，而各类突发及非常规性问题在调试环节会出现，为了能够顺利推进后续调试项目，就需要进行分析及研究存在的问题，并根据问题类别做出总结性报告，这项工作不仅是促进调试工作高效进行的重要举措，甚至是影响调试进程的关键性指标，只有进行归纳及总结问题，问题本质及源头才能审出来，在进行深入剖析问题后，对于调试项目中再犯同样的错误才能被避免，从而以标杆性意义存在于日后的锅炉调试工作中。

锅炉的安全稳定运行离不开安装及调试项目的高效配合，只有控制好锅炉生产的各个环节，锅炉安装的时效性才能有效地提高，使其性能和应用标准更加符合，所以这就需要在实际安装及调试工作中不断引进新技术，对安装及调试结构进行优化，在流程化项目中高效解决问题，实现强化提高锅炉运行标准。

第四节　锅炉安装质量控制及监督检验

在锅炉安装过程中，应该将质量管理摆在关键的位置上，同时还应该充分运用科学的监督检验机制，最大程度保障安装质量，更好地发挥锅炉的使用功能以及使用安全，确保锅炉长效发挥稳定可靠的作用。在实践过程中，人们明显缺乏对锅炉安装的重视，没有完善质量管理体系，更没有采用动态全面的管理措施，这就容易为锅炉安装埋设隐患，不利于锅炉设备长时间安全高效运行。

一、完善质量保证体系，落实科学管理机制

为更好地提高锅炉安装质量，有必要依托于科学全面的质量保证体系，同时实现质量管理监督的机制化、体制化。锅炉安装企业应该充分结合自身的实践和管理特点，科学完善质量保证体系，可以将锅炉安装以及安装负责人员高度匹配起来，以此来更好地提高他们的工作积极性，促使他们始终明确工作方法，始终明确工作职责，更好地开展实践作业。

监督检验时应侧重于检验受检企业的质量保证体系是否完善，是否持续满足安装许可的资源条件，包括基本条件和专项条件、质保体系人员、技术人员等。同时，还应该对受检企业的质量保证体系的权责分配等进行科学检验，以此来研判受检企业的锅炉安装质量以及安装环节。一旦发现问题，要及时予以报告，以督促受检企业及时进行整改，快速提升整改成效。对锅炉科学的安装，离不开必要的管理机制，只有从制度层面来保障锅炉的科学有效安装，从顶层设计角度来提高锅炉安装工作的整体效率，才能更好地发挥它的作用。因此，在实践中，有必要完善相应的管理机制。在锅炉安装以及检验等过程中，只有依托于制度体系才能真正做到有的放矢。因此，在实践过程中，应该充分结合锅炉安装的实际特点以及具体流程等，充分明确管理制度以及方法。在管理机制中，要明确质量管理监督检验部门，要充分赋予他们各自的工作权限以及工作职责，更好依托于科学的考核体系，促使这些部门认真工作，更好地投身于锅炉安装实践中。

二、加强现场安装管理，加强设备元件的检验

锅炉安装是一项科学化的工作，对于现场环境的要求非常高。同时，锅炉现场工序也比较复杂，任何一个环节存在质量隐患，都有可能影响锅炉设备的整体安装成效。因此，在实践过程中，应该加强现场管理工作。

（一）加强对锅炉设备的验收管理

在锅炉正式进入安装现场。处于待安装的阶段时，有必要进行全面的复盘检查。所谓的复盘检查，就是针对供货清单等来全面检查锅炉设备的完整性、锅炉设备的性能是否符合标准以及相关的元件规格是否一致等。在实践过程中，部分次要元件的规格可能存在一定的差异，或者采用替代品，虽然也能够实现锅炉的快速安装，但可能影响锅炉的整体使用寿命。因此，有必要对锅炉设备进行全面的清查以及盘点。同时，在锅炉安装前，还应该对照不同部位的安装说明以及安装示意图等，充分明确安装方法以及安装步骤，以便在锅炉安装过程中能够做到全面快速。验收管理是前期工作，也是非常重要的工作。只有经过科学详细的验收管理，才能够在很大程度上提高工作成效与质量。

（二）做好锅炉设备的存放管理

因安装条件的准备工作或者其他因素等，使得锅炉安装工作并不是一蹴而就的，而是需要一定的准备时间，这就涉及锅炉设备的妥善保管。锅炉设备在保管的过程中，它对于周围环境较为敏感，若不注重优化保管条件，若不注重妥善选择保管方式，势必会增加保管的难度，继而造成锅炉设备的损坏，或者影响锅炉设备的整体使用性能。因此，在实践过程中，应该结合不同锅炉设备的特点、安装需求等，全面做好保管以及存放等工作。在保管过程中，若设备的规格相对比较小，为避免可能造成的丢失或者混乱，应该在验收管理的过程中，做好科学的分类整理。比如将同一类型的小设备等共同存放，在必要时还可以贴上相应的标签，以便随时进行选用。当然，为避免这些小零件在存放过程中发生锈蚀，还应该保持存放环境的干燥以及通风。若设备整体相对比较庞大，无法在库房进行存放，可以将这些设备放置在室外，但为避免设备发生锈蚀或者遇水等问题，可以将设备放置在一定的坡度上，并在设备底部放置枕木，以此来避免直接接触地表，为防范雨水等，可以对设备整体做好必要的防护。此外，锅炉所有承压部件，在堆放时均需采用措施，将所有外露管口、联箱端口等全部封闭，避免在存放或者倒运时泥沙、石头等杂物进入承压设备内部。

三、加强人员培训教育，做好技术交底工作

在锅炉安装过程中，人员的素质等发挥着关键性的作用。一方面，应该科学细化人才培训方案，为不同人员配置差异化的培训目标及任务。装配人员是锅炉安装的主要承担者，他们的安装素养直接关系着锅炉安装的成败。因此，有必要全面强化装配人员的业务技能，不断提高业务水平。特别是在锅炉安装过程中，要引导装配人员掌握科学的安装工艺流程，要掌握科学的安装技术方案，充分掌握锅炉各个设备的关键特点以及运行特征，在此基础上充分做好锅炉安装工作。在实践过程中，要引导装配人员不断总结经验教训，不断学习先进的锅炉安装技术以及安装工艺，同时，要组织装配人员进行充分全面的技术讨论，通过常态化的论证会、难点攻关会议等，确保装配人员明确装配流程以及安装方法。另一方面，焊接工艺是否优良，焊接口是否完好且符合规范，往往直接关系锅炉的整体使用寿命。因此，还需要加强对焊接人员的培训管理等，引导他们掌握科学的焊接方法和工艺，明确锅炉焊接的特殊要求，特别是核心部位的焊接方法等。此外，无论是装配人员，还是焊接人员，都应该明确技术规范，并严格做好技术交底工作。

四、完善检验机制，积极采用"三级检验"

锅炉安装是一项综合性的工作，在实践过程中，为整体提高安装质量，必须完善相应

的检验机制，积极采用"三级检验"的科学方式。在"三级检验"的过程中，应该落实逐层的签名机制，充分贯彻落实"谁签名谁负责"的检验理念，切实提升他们的责任意识。与此同时，还应该积极实施逐步检验的方式方法。所谓逐步检验，就是当锅炉上一道工序或者环节安装完成后，要及时进行检验，避免问题的遗留，全面贯彻全过程检验的科学方法。依托于科学全面地检验，有必要进行满负荷检验，以此来研判锅炉运行的整体可靠性，及时发现锅炉设备主体以及其他核心零部件的运行故障或者其他相关问题。

科技的不断发展带动了火电厂锅炉的安装技术的提升，现今，锅炉安装技术趋于成熟。在具体的火电厂锅炉安装中，应该完善质量管理体系，同时还应该引导安装人员明确技术规范和要求，严格按照标准规范进行安装施工，以保证火电厂的安装质量。

第五节　提高锅炉安装质量的管理措施

锅炉是我国为工业生产、居民生活、发电提供动力的主要方法。锅炉是最具潜在危险的特种设备，在十分恶劣的环境下运作，运行中需要承受一定的压力。保障锅炉安全稳定运行，要从各个环节严格把关，尤其是锅炉安装过程最为重要，安装质量的好坏直接影响其安全运行。在实际的安装过程中，因安装单位、建设（使用）单位的种种原因导致其依然存在较多问题，从而导致锅炉运行的可靠性得不到保障。

一、锅炉安装工程的技术要求

（一）准确性

锅炉安装工程与一般的施工工程不同，其组成部件较多，安装也相对复杂，尤其是各部件需要在出厂后进行全面的校验、组合、调整、校正，所以必须确保各部件形状、尺寸、大小、安装位置的准确性，如果部件出现偏差不能正确连接，热运行状态下其产生的事故后果是不可估量的。

（二）严密性

锅炉安装工程应具备严密性，因锅炉自身与其连接设备都属于密闭设备，各个设备连接时应严密，在安装过程中要对各设备的用料、部件质量、焊接点、螺纹连接处进行细致的检查，做好安装后的质量试验。

（三）热补偿性

锅炉安装工程都是在常温下进行的，而设备运转时的状态都是在高温下，所以有必要对锅炉的热补偿性进行测试。在锅炉运行状态下，设备和部件会因热膨胀而产生相应的移位，所以安装过程要充分地考虑到部件的热膨胀。在施工工艺上要确保管路流程的正确性、检修位置的合理性、设备安装的稳固性。

二、安装锅炉常见问题

缺乏专业技术人员，焊材的管理不严格，锅炉焊接质量一直得不到提高都是电力焊接的技术人员没有具备专业的焊接水平，我国的电力建设部门任务量都是较为饱满的，大量地稀缺各类焊接技术人员以及保障质量的监督人员。在锅炉的安装焊接中，必须正确遵守的安装技术规范要求去进行操作，锅炉安装的质量才可以得到保障。很多技术水平和安全意识不强的人员为了方便工作，引弧工作直接在受热的面管上进行工作，这样错误的技术方式将会灼伤受热面管，为锅炉整体的系统留下安全隐患。

三、提高锅炉安装质量的控制措施

（一）管道焊接的质控措施

在安装锅炉的过程中，管道焊接是较为重要的环节之一，直接影响着锅炉机组运行的长期性和稳定性。所以，必须采取有效的措施，确保管道的焊接质量。管道焊接的质量控制措施主要包括以下几点：①管口直径小于 60 mm 的管道，可以采用全氩弧焊；管口直径大于 60 mm 的管道，则可采用氩弧焊打底、电弧焊盖面的方式焊接。②管道焊接时的作业环境温度应当控制在 0℃以上。如果温度低于 0℃，则必须采取相应的措施提高温度。③要保证焊缝间隙均匀，焊接对口内壁平顺、整齐，错口不得超过壁厚的 10%，且不得大于 1mm。④焊缝的咬边深度应当控制在 0.5mm 以内，两侧咬边的长度总和不得大于管道周长的 20%。⑤热影响区表面不得存在焊接质量缺陷，比如裂纹、未熔合、气孔、夹渣等，一经发现要及时处理。

（二）水冷壁安装的质控措施

冷壁安装的质控措施主要有以下几点：①在吊装水冷壁的过程中，可在钢架顶板上设置临时起吊点，以此来确保吊装的顺利进行。②在水冷壁分片组对合格之后，应当依据相关规范要求对管路进行吹扫和通球试验，可以与集箱组对应的全部组对，并在检查合格后，使用汽车起重机将水冷壁吊至手拉葫芦链能够接住的高度，随后便可吊装。在吊装的过程中，应按照"由上向下、前顶后侧"的顺序吊装。③合龙、拼缝工作主要包括找正加固水冷壁下集箱、拼接各管屏和四角、安装密封件等。该项工作是水冷壁安装的关键环节。拼接各管屏时，要保证拼接间隙符合图纸要求，做到平整、均匀，切忌强拉硬拼，以免因外应力过大而造成水冷壁管子损坏；四角合龙、拼缝时，要认真检查炉膛纵横尺寸，确保炉膛空间尺寸符合图纸要求。

（三）过热器和省煤器安装的质控措施

过热器和省煤器安装的质控措施包括以下三点：①安装蛇形管之前需进行通球试验，并修正、打磨管口。如果蛇形管为合金钢材质，则必须进行光谱复查。严格按照安装顺序安装，把握好间距和垂直度，将整体偏差控制在允许范围内。②组合、安装蛇形管之前，需找正集箱位置并固定好。在安装过程中，应认真检查集箱管头与蛇形管的对接情况，以及集箱中心距蛇形管端部的长度偏差。只有在确保基准蛇形管找正并固定后，才能安装其余管。在安装其余管时，要以基准蛇形管为主，严格按照规范要求操作，固定一片，焊接一片，并用钢筋临时固定上部，以保证间距。待全部蛇形管都找正之后，组合、安装定位板，并去除临时钢筋，确保护瓦位置正确、安装牢固。③按照图纸要求，在安装防磨装置时留出接头处的膨胀间隙，保证焊接平整、牢固，严禁存在有阻碍烟气流通的地方。

（四）水压试验的质控措施

这是锅炉安装中较为重要的一道工序，通过水压试验，能够检验锅炉本体受热面的焊接质量。按照相关的规范要求，水压试验主要包括从给水进口到集箱出口的省煤器、水冷壁、过热器、下降管、阀门等。试验完毕并确定各个部件均合格之后，应当采取湿法防腐措施。

锅炉结构复杂、部件繁多，现场焊接工作量大、工期长，任何一个环节的疏忽都有可能使锅炉部件在安装过程中产生缺陷，会给锅炉的安全稳定运行带来隐患。因此，除了实施安装监检外，在锅炉安装过程中各相关单位均应高度重视，控制好安装过程中各个环节，保证锅炉的安装质量符合相关标准的要求。

第七章 空调工程防腐与绝热施工

第一节 通风空调设备及管道防腐施工

在建筑工程中，通风空调设备及其管道最易出现的问题就是腐蚀问题，只有从安装及准备工作开始就重视这一问题，掌握防腐要点，选用合适的材料与技术，才能真正保障通风空调设备及管道的正常使用效果，降低腐蚀情况的影响。

一、通风空调设备及其管道防腐的内容要求

（一）防腐基本要求

在防腐工作开展的过程主要是通过管道外层涂防腐漆等方式进行对外表面的处理，清除灰尘、污垢、锈斑等杂物，使得管道质量符合标准与要求，实现防腐效果，而在油漆施工的过程中应当注意对每个部位的检查，避免出现纰漏，保证施工工作在潮湿低温的环境下进行作业。

（二）管道防腐

管道防腐应当通过对管道涂漆的方式进行开展，对管道外层进行均匀刷漆，漆的厚度应当始终相同，在每一层的漆涂好之后进行不同情况的防腐处理，保证对第二道漆的及时涂刷，两道漆可以更好地起到防锈防腐的效果。

（三）设备防腐

通风空调设备在使用过程中也会出现腐蚀情况，应对这种情况应当在运输与安装过程中充分掌握损坏部分，依照相关技术文件进行防腐处理，使设备也能取得有效的防腐效果，避免出现腐蚀情况后再采取相应措施。

（四）配件防腐

配件防腐是根据一般的油性漆进行保护，依照实际配件的情况与可能手扶式的部位，进行内层外层的涂抹，在对配件进行刷漆的时候可以刷三层漆，这样可以增强防腐效果，重点要配件是阀门、伸缩器、连接器、装配件、支架等，进行防腐处理效果。

（五）涂料保护

最后是涂料保护工作，依照受水渗漏影响与潮湿环境的操作，根据底层防锈漆与内层漆与面层涂漆等不同的保护效果，进行对所有保温材料的控制，在涂漆之前进行干燥与清洁的保护，在清理之后进行适当的底漆涂抹与处理。

二、通风空调设备及管道防腐施工技术的要点分析

（一）做好防腐材料的严格控制与管理

防腐材料的不同会导致防腐材料质量的差异，针对具体的防腐需求，应当严格地选择防腐材料，对其型号、品质等进行有效检查，在施工过程中应当做好对材料的应用管理，保证管道湿度、温度等在合理的范围内，在恶劣天气条件下应当尽可能遮挡油、降低油漆涂刷对于设备的影响。

（二）定期开展除锈处理，减少锈体侵蚀

定期进行除锈处理，针对锈体本身的侵蚀情况进行有针对性的除锈，采用化学除锈的方法达到除去腐蚀的效果，另外，在化学除锈的同时也应当注意化学反应不能过于强烈，一旦出现管道中由于防腐液等发生反应而受损的情况应当立即进行停止，避免出现负面影响。另外，还应当做好定期检查，保证管道及除锈工作的完整性。

（三）防腐的覆层处理

防腐覆层是由多个层组成的，主要是防腐层、保温层、防护层，不同层组中的防腐与保护效果不同，一次你只有介于不同的管道保温环境下，针对外界的复杂情况采用一般的暖通保护用料进行防水处理，进而提高其经济性，保证其抗腐蚀效果。

（四）管道敷设技术

在进行管道敷设的过程中主要选择的是管沟敷设与架空敷设、直埋敷设三种。应对不同的敷设技术应当采用不同的防腐手段，在管沟敷设中需要进行基本的涂料防腐防锈，架空敷设中只指进行防锈涂料的涂刷，直埋敷设应当选用防腐材料，然后进行表面防腐处理才能真正实现防腐效果。

（五）重视外护板结构施工

另外，外护板结构施工应当注重其施工质量，施工人员也应当明确防腐工作的重要性，在对外护板结构进行施工时掌握施工流程与施工技术，保证在膨胀条件下的外护板结构与荷载所承受的性能之间有关联性，预留保温空间，实现对荷载承受性能的提高与应用。

随着近些年来通风空调设备在建筑工程中作用的提高，空调通风设备及管道的防腐工作也越来越重要，在实际开展防腐施工技术的过程中应当针对管道、设备、配件以及涂料

等的差异采取不同的防腐技术，有效地掌握防腐工作的质量与方向。从准备工作开始，选取最合适的旁通阀与压差通管，满足空调水泵的实际要求，进而最终提高空调设备与管道运行的有效性，更好地保障通风空调设备在建筑中的作用与效果，提高人们的居住环境。

第二节　暖通工程施工及管道防腐保温技术

供暖管道和设备是供热企业对建筑进行供暖重要的设备设施，特别是供暖管道，作为供暖传热主要的通道，一般深埋于地下，而其周围的土壤所形成的压缩力，会对供暖管道产生一定的影响。同时，土壤中所含有的各种杂质，也会对供暖管道的表面造成一定的腐蚀。此外，因为土壤本身具有较大的比热容，在冬季时，因为天气原因，土地内部的温度相对较低，会从供暖管道中吸收大量的热量，从而影响到供暖的效果。因此，为了保障供暖的质量，必须加强对供暖管道和设备的保温及防腐处理，提高管道保温效果及防腐质量。

一、供暖管道结构分析

当前，我国在供暖空调管道制造方面，其结构由内至外普遍分为六层，分别是工作钢管、减阻层、无机保温层、聚氨酯泡沫保温层、外护管。其中，减阻层是为了缓解管道周围土壤给管道带来的压迫力；无机保温层与聚氨酯泡沫保温层则是借助材料自身独特的物理性质，实现留住温度、减缓管道内部热量散失的效果，一般来说，无机保温层与聚氨酯泡沫保温层的厚度在 25mm 以上；而外护管主要是供暖管道最外层的防护层，根据其材质不同，可分为钢管＋防腐层、玻璃钢外护层和 PE 管壳等材质。其中，防腐层则是在管道表面涂抹的防腐涂剂所形成的厚度不超过 $80\mu m$ 的防腐保护膜，以用来隔绝外部腐蚀性介质对于供暖管道表面所造成的侵蚀。

二、供暖管道及设备保温的材料分析

在最初的建筑暖通空调工程中，施工单位采用的保温材料大都是自然界中常见的原材料，或者是天然矿物的保温材料。随着科学技术的发展，施工企业在建筑暖通工程中逐渐运用人工生产的保温材料来代替自然材料，如运用珍珠岩、玻璃棉或者蛭石来进行保暖。近年来，随着科学技术的飞速发展，研发出了各种各样的高科技材料，如泡沫玻璃、聚苯乙烯泡沫塑料、泡沫石棉和聚氨酯泡沫塑料等等。这些高科技保温材料的研发和广泛应用，为建筑保暖提供了新的方式，同时也为建筑供暖管道及设备的保温工作提供了新的方式。在具体运用中，建筑施工单位在选用建筑供暖管道保温材料时，需要根据当地的实际情况，科学选择合适的保温材料。一般来说，在选择建筑供暖管道及设备的保温材料时，首先应根据材料的热工性能，主要满足了建筑施工材料的热工性能的要求，才可以进一步考虑当地施工作业条件的影响。例如：供暖设备中的高温系统，在选用保温材料时，必须具有优秀的热稳定性能；振动管道在选择保温材料时，需要首先满足其强度方面的要求；布设在潮湿的环境中的供暖管道，在选用保温材料时，应优先考虑使用具有优秀吸湿性能的保温材料；而采取间歇运行模式的供暖系统，其管道和设备在保温方面，对材料的热容量则有着较高的要求。因此，施工单位必须具体问题具体分析，科学选择合适的供暖管道保温材料。

此外，施工单位还必须科学确定保温层的厚度。在这一环节中，施工单位的技术人员必须进行详细、严谨计算，确定供暖管道及设备热力保温的参数。如果计算机准确，设计不达标，就会影响到供暖的效果，反之，设计超出标准，虽然能减少管道及设备热量的损失，但会增加成本，造成不必要的浪费，同时还会导致投资方的利益受到损失。

三、供暖管道及设备的保温措施

（一）涂抹保温法

涂抹保温法是建筑供暖管道和设备常用的保温方式，这种保温措施是利用保温涂料的涂抹对供暖管道及设备进行保温。在实际运用中，施工单位一般是运用石棉粉、碳酸镁石棉粉以及硅藻土等材料来制作保温涂料，通过将这些保温材料与水混合，调制成泥状，然后将其涂抹在供暖管道及设备的表面。通过这种保温方法，供暖管道在整体具有良好的保温效果，且保温层与保温面之间结合较为紧密，不会受到保温物体形状的限制。但在具体运用中，施工单位在采用这种保温方法时，需要分批多次进行涂抹，这样才能保证胶泥与供暖管道及设备表面的紧密结合，保障胶泥更牢固地附着在管道及设备的表面。一般来说，施工单位在第一遍涂覆时，应涂抹较稀的胶泥，涂抹的厚度应为 3 ~ 5mm，当第一层完全干燥后，再用稍稠一些的胶泥进行第二次涂抹，其厚度应为 10 ~ 15mm。以此类推，直到供暖管道及设备表面的涂层厚度达到预定的要求为止。此外，在涂抹保温胶泥时，为了避免胶泥出现冻结的现象，施工单位还必须在 0℃ 以上的环境下进行涂抹。

（二）绑扎保温法

绑扎保温法也是一种常用的供暖管道和设备保温的措施。一般来说，这种保温措施采用的是预制保温瓦或板块料，然后运用镀锌钢丝将其绑扎在供暖管道的表面。在实际操作中，为了保证保温材料与供暖管道表面的紧密结合，施工单位需要在保温材料和管道表面之间涂抹一层石棉粉。或者是涂抹一层石棉硅藻土胶泥，涂抹的厚度为 3 ~ 5mm，然后再进行保温材料的绑扎。为此，施工单位必须加强管理，保证施工操作人员能够细心、严谨地开展绑扎作业，避免绑扎存在缝隙而影响到供暖管道的保温效果。

（三）缠包保温法

缠包保温法也是一种常用的供暖管道保温方式，这种保温方式一般采用卷状的软质保温材料在供暖管道的表面进行缠包。在具体操作中，施工单位的技术操作人员应根据供暖管道的管径，将成卷的材料剪裁成宽度为 200 ～ 300mm 的条带，然后以螺旋状绕缠在供暖管道的周围。此外，在缠包过程中，操作人员必须一边缠、一边压、一边抽紧，从而保证缠包后的保温效果。因此，施工单位必须提前对施工人员进行技术培训，确保施工人员能够严格按照缠包操作的要点进行操作，从而保证保温的效果。

（四）泡沫塑料保温法

泡沫塑料保温法也是一种常用的供暖管道保温方式，这种保温方式主要是运用聚醚与多元异氰酸酯加催化剂、发泡剂和稳定剂进行混合调配，使之生成泡沫塑料。然后在现场发泡，运用喷涂或者是灌涂的施工方法，使供暖管道的表面充满泡沫塑料，从而实现保温的效果。

四、供暖管道及设备的防腐措施分析

在建筑供暖管道及设备的防腐方面，施工单位一般常用的防腐措施分为两种，分别是涂漆防腐和沥青防腐。

（一）涂漆防腐

涂漆防腐是建筑供暖工程中，供暖管道及设备常用的一种防腐措施。一般来说，涂漆防腐的方式主要分为空气喷涂、静电喷涂、高压喷涂和手工涂刷等四种方式。其中手工涂刷方式，是以手工操作的方式将稀释后的防腐油漆按照"上→下""左→右""里→外"的顺序，用刷子在供暖管道及设备表面进行涂刷。在涂刷时，需要严格保证漆层的厚度；而空气喷涂的方式则是利用喷枪对空气进行压缩，利用压缩产生的高速气流，将贮漆罐中的漆液以雾状的方式喷射在供暖管道的表面，从而起到防腐的效果。在实际操作中，喷枪与供暖管道表面应保持 25 ～ 40cm 的距离，气流喷射速度为 10 ～ 15m/min，并保证喷枪的空气压力值处于 0.2 ～ 0.4MPa；而高压喷涂的方式与空气喷涂相似，但在将涂料放入喷枪前，需要对其进行加压处理，这样喷出的漆粒更细，在与空气接触后会剧烈膨胀，从而在供暖管道的表面形成一层高质量的漆膜；静电喷涂的方式同样是使用喷枪，喷出的也为雾状漆粒，但在使其漆粒吸附于供暖管道表面的过程中，需要借助静电发生器，使涂料在静电力的作用下吸附在带有异性电荷的供暖管道表面。

（二）沥青防腐

沥青防腐也是一种常用的供暖管道防腐方式，这种防腐操作是在供暖管道的表面涂抹上160～180℃的沥青涂料，用于隔绝空气、水分以及土壤中的酸性或碱性物质，从而提升供暖管道的防腐性能。在实际操作中，运用沥青增强供暖管道的防腐性能时，如果在沥青中加入一定量的石棉油毡，或者是玻璃丝布，能有效增强沥青的机械强度以及热稳定性。此外，也可以在沥青涂层的外部包裹塑料布，这样也可以增强沥青的防腐性能。

　　总而言之，供暖管道及设备的保温与防腐，是建筑暖通工程中的核心内容，对建筑暖通工程的顺利运行及使用年限具有十分重要的影响。因此，作为施工企业，必须重视供暖管道及设备保温和防腐，不断深入研发新的保温盒防腐技术，针对性地采取有效的保温和防腐措施，同时，加强对施工操作人员的培训，促使他们能够严格按照施工标准进行作业，从而保证建筑供暖管道保温及防腐的效果，保证建筑供暖系统的健康、稳定运行。

第三节　空调管道防腐与绝热施工过程控制

　　管道防腐是为减缓或防止管道在内外介质的化学、电化学作用下或由微生物的代谢活动而被侵蚀和变质的措施。绝热是保温、保冷工程的统称。空调管道的防腐与绝热施工是水暖工程重要的组成部分，因此对管道进行防腐与绝热保护具有重要的意义。

一、防腐

（一）基本要求

　　所有油漆须在厂家指定使用限期内使用，同时有关油漆在开始使用后，不容许再添加新油或稀释剂。可以在预制时进行第一遍防腐，涂刷底漆前，用电动钢丝刷清除表面的灰尘、污垢、锈斑、焊渣等杂物；涂刷油漆时要厚度均匀、色泽一致，无流淌及污染现象。所有油漆材料，涂刷的程序和方法均须在施工前提交监理工程师做审批。并在施工过程中，工程师会对已施工部分提出要求进行检查，以确保品质符合要求标准。普通薄钢板在制作风管前，宜预涂防锈漆一遍。支、吊架的防腐处理应与风管或管道相一致，其明装部分必须涂面漆。油漆施工时，应采取防火、防冻、防雨等措施，并不应在低温或潮湿环境下作业。

（二）管道防腐

　　非镀锌管道在涂漆前进行表面防锈去污，非保温管道刷铁红防锈漆一道，调和漆两道；保温管道外表面刷防锈漆两道。镀锌钢管对镀锌表面缺损处涂防锈漆，管道和设备的支吊架均应在除锈后刷防锈漆两遍。管道防腐，可以在预制时进行第一遍防腐，涂刷底漆前，用电动钢丝刷清除表面的灰尘、污垢、锈斑、焊渣等杂物；涂刷油漆时要厚度均匀、色泽一致，无流淌及污染现象。管道第一道防锈漆在安装前涂好，第二道防锈漆在试压合格后及时涂刷。

（三）设备防腐

所有设备在进场时均应进行防腐处理。运输、安装过程中损坏的部分，应按照设备有关技术文件要求进行防腐处理。

（四）配件防腐

所有与管道、设备有关联的钢铁配件包括：阀门、膨胀伸缩器、连接器、装配件、支架等外露钢制成品，均应进行防腐处理。

（五）涂料保护

不会受水渗漏影响的部件，须根据要求做一般性油漆保护。会受水渗漏影响或需在潮湿环境下操作的部件，须根据要求做底层防锈漆、内层涂漆、面层涂漆的至少三层油漆保护。所有保温材料的表面在涂漆前须保持干燥和清洁。并在清理后须立即涂上适当的底漆。

二、管道绝热

（一）基本要求

管道穿墙、穿楼板套管处的绝热，应用相近效果的软散材料填实。绝热层采用绝热涂料时，应分层涂抹，厚度均匀，不得有气泡和漏涂，表面固化层应光滑，牢固无缝隙，并且不得影响阀门正常操作。绝热层的材质及厚度应符合设计要求。

（二）绝热层施工

管道的绝热施工应在管道试压、清洗、防腐完成以后进行；非水平管道的保温自下而上进行；管道的保温要密实，特别是三通、弯头、支架及阀门、法兰等部位要填实。直管段立管应以自下而上顺序进行，水平管应从一侧或弯头的直管段处进行。硬质绝热层管壳，可采用16号~18号镀锌铁丝双股捆扎，捆扎的间距不应大于400mm，并用黏结材料紧密粘贴在管道上。管壳之间的缝隙不应大于2mm并用黏结材料勾缝填满，环缝应错开，错开距离不小于75mm，管壳缝应设在管道轴线的左右侧，当绝热层大于80mm时，绝热层应分两层铺设，层间应压缝。

半硬质及软质绝热制品的绝热层可采用包装钢带、14~16号镀锌钢丝进行捆扎。其捆扎间距，对半硬质绝热制品不应大于300mm、对软质不大于200mm。每块绝热制品的捆扎件，不得少于两道。管道保温时，保温管壳纵缝要错开，用铝箔胶带密封好，保温要求厚度均匀，外表面光滑，不许有褶皮。不得采用螺旋式缠绕捆扎。

遇到三通处应先做主干管，后做分支管。凡穿过建筑物保温管道套管与管子四周间隙应用保温材料填塞紧密。管道上的温度计插座宜高出所设计的保温层厚度。不保温的管道不要同保温管道敷设在一起，保温管道应与建筑物保持足够的距离。

空调水管与其支架之间应采用与保温厚度相同的经过防腐处理的木垫块，安装完后，将支架按要求保温喷涂。阀门保温时要将手柄露在外面，便于手动调节。设备管道上的阀门、法兰及其他可拆卸保温部件两侧应留出螺栓长度如 25mm 的空隙。阀门、法兰部位则应单独进行保温。法兰保温时，保温材料要分块下料，便于将来管道检修。过滤器向下的滤芯外部要做活体保温，同样以利于检修、拆卸。空调水管道穿楼板和墙处套管内管道用保温材料填实。空调水管道与设备的接头处，及产生凝结水的部位也必须保温良好，严密无缝隙。

（三）保护层施工

保温结构的外表必须设置保护层，一般采用玻璃丝布、塑料布、油毡包缠或采用金属护壳。用玻璃丝布、塑料布缠裹，垂直管应自下而上，水平管则应从最低点向最高点顺序进行。开始应缠裹两圈后再呈螺旋状缠裹，搭接宽度应为二分之一布宽，起点和终点应用黏结剂粘接或镀锌铁丝捆扎。应缠裹严密，搭接宽度均匀一致，无松脱、翻边、皱折和鼓包，表面应平整。

玻璃线布刷涂防火涂料或油漆，刷涂前应清除管道上的尘土、油污。油刷上蘸的涂料不宜太多，以防滴落在地上或其他设备上。金属保护层的材料，宜采用镀锌薄钢板或薄铝合金板。当采用普通钢板时，其里外表面必须涂敷防锈涂料。

立管应自下而上，水平管应从管道低点向高处进行，使横向搭接缝口朝顺坡方向。纵向搭接缝应放在管子两侧，缝口朝下。如采用平搭缝，其搭缝宜 30 ~ 40mm。搭缝处用自攻螺丝或拉拔铆钉，扎带紧固，螺钉间距应不大于 200mm。不得有脱壳或凹凸不平现象。有防潮层的保温层不得使用自攻螺丝，以免刺破防潮层。保护层端应封闭。

（四）管道支架保温

管道托架的保温，采用与有关管道相同厚度和规格的保温材料，剪裁成一块比管道外径和管托支座间空隙稍大的保温材料；将有关保温充塞在管外壁及支座间的空隙内，以效保温稍微超出支应两端；把保温与支座齐口切平；不能用填充物、胶贴剂或其他物料去填补有关空隙或不完整的保温。

固定冷冻水管道之固定支撑应安装保温，其覆盖范围距离管道保温表面不能少于200mm。所有保温水管须在承托支架位置设置硬木管垫作管道承托和保温系统，而硬木管垫的阔度须比管道托架的宽度每边长至少 25mm。在承托支架位置需同时提供比硬木管垫长度每边长至少 25mm。所有穿越保温层的管道支撑须提供妥善和足够的保温，以确保结露不会产生。

第八章 供热通风与空调工程施工概述

第一节 供热通风与空调工程施工问题

一、供热通风与空调工程施工存在的问题

现阶段，在供热通风和空调工程施工过程中存在着一系列的问题，其主要体现在五个方面：①材料存在质量方面的隐患；②设备安装不协调；③安装技术方面；④空调水循环方面；⑤空调系统的噪声问题。

（一）材料存在质量方面的隐患

某些施工企业为了自身的经济效益，在材料选择方面与要求并不相符，这使得空调施工的时候出现了很多劣质的材料，进而造成空调安装完成之后的成效并不理想，甚至某些空调无法投入使用。由于其施工的工作量大，对安装技术人员的要求较高，对于刚刚起步的一些小公司而言，自身的能力有限，便把空调施工交给专门的安装企业，但是这些企业可能对实际的情况并不了解，使其安装过程中出现了很多的问题。除此之外，承包企业会因为自身运营的实际问题，例如，缺少工人与资金等，使得空调施工存在着隐患。

（二）设备安装不协调

导致供热通风和空调工程出现问题的因素有很多，经常出现的是设备安装的不协调情况，例如，风机的通道等。与此同时也会涉及许多程序，例如，通风管等，这些工序之间具备一定的关联性，如若无法对其关系进行有效的处理，供热通风与空调便无法充分地发挥其作用，降低其使用效率。

（三）安装技术方面

由于供热通风和空调工程较为复杂，因此，对技术的要求比较高，普通的工人无法使用，尤其是在安装的时候，在管线布局时其技术要求比较高，因此，对施工人员提出了更高的技术要求，由于其施工以前应该在地下或者是别的地方进行安装，之后会因为对之前的具体情况并不了解导致其安装过程中出现问题，并且如若出现问题，进行补救的对策比较少，这便

会对空调的正常使用产生影响。这就要求其施工人员在实际施工的过程中严格的遵循相应的规范，每个环节都不可以出现错误。只有做好布线工作，才可以展现出安装的良好成效。

（四）空调水循环方面

空调经常出现的问题还包括水循环方面，在其冷冻水的系统中，常常会出现某种问题造成水循环并不通畅。一般情况下，主要有两方面的因素会造成这样的情况出现：①由于地下的管道多，并且管道与管道之间很容易出现交叉的情况，这便会造成管网中出现气囊，进而对系统循环产生干扰。而冷冻水没有及时地进行循环，造成空调得不到正常的运转。②在空调安装以前，施工人员应该对管道线进行清理，如若少了此环节，在空调运转的过程中便会出现问题，即使没有大的问题，也会使其成效变差。

（五）空调系统的噪声问题

现阶段，随着我国社会的不断进步与发展，人们对生活的要求也在不断地提高，空调的噪声便是空调施工过程中十分重要的问题，在供热通风设计的过程中，十分容易出现噪声：①如若空调自身是低档的，这样它可能没有安装消音的设备，或者是其质量差，容易造成噪声的出现。②空调的位置并不合理，机房内部没有隔音的设备，而其出风口也没有安装消音的设备。③管道上没有设置隔震与减震的设备，这在很大程度上使得空调出现了噪声。

二、提高供热通风与空调工程施工技术的措施

现阶段，应该加强供热通风和空调工程施工技术，采取相应的措施，其主要体现在五个方面：①建立高素养的安装队伍；②增强质量监督与管理；③加强供热通风与空调工程关键技术的成效；④建立健全的空调工程施工管理制度；⑤加强信息化管理。

（一）建立高素养的安装队伍

人在企业与工作中占据着十分重要的位置，为了有效地提高供热通风和空调工程的质量，企业应该具备高素养的安装团队。施工人员应该具备专业的理论知识，除此之外，也应该具备质量与安全等方面的认知。要想建立高素养的安装团队，企业在人才选择过程中应该提高要求，与此同时，也应该定期开展能够提升工人技能的培训，让他们能够将理论知识与实践活动进行有效的结合，并且在不断的实践过程中应用理论知识。

（二）增强质量监督与管理

要想有效地保障供热通风和空调工程的施工质量与应用成效，应该积极主动的使用有效的办法，增强内部监督与管理的工作，有效地保障施工质量，只有这样，才能够有效地保障供热通风和空调工程所使用的设备与相应材料都是达到相应标准的。①应该依照施工

的图纸进行，在材料采购上面严格地控制其质量，保证供应商的资质齐全且材料质量过关。②应该做好相应的质检工作，在材料进场的时候应该进行质量的验收，在其完成以后，应该让工作人员进行检查，保证其质量达到标准。在最终进行安装的时候，依然需要展开质量监督与管理的工作，降低失误出现的频率。只有这样，才能够有效地保障空调工程施工的质量。

（三）加强供热通风与空调工程关键技术的成效

供热通风和空调工程的施工作业中，应该保障其关键技术，只有这样，才能够有效的保障其施工的质量且得到更好的成效。关键技术指的是空调安装施工的相关技术，在其管理安装方面应该严格地遵守总管路、支立管这样的顺序，最终将设备与空调之间进行有效的连接，在对管道进行切割的过程中，应该使用相应的控制办法有效避免管道中出现杂物的情况，进而有效地解决水循环问题。在对其进行焊接的时候，应该尽量减少重合的现象。在其设备安装的过程中，应该保障材料是齐全的，防止出现零件缺少的情况，与此同时，也应该预留孔，为之后的维护工作打下基础条件。

（四）建立健全的空调工程施工管理制度

供热通风和空调工程的施工作业中，应该建立健全施工管理制度。施工企业应该拥有适合自身的管理制度，并且在其制定的过程中应该严格的根据实际环节进行，与企业自身的实际情况进行有效的结合，为实际施工制定合理有效的规范，并且在保障制度合理的前提下，把管理制度归纳到实际施工中，使得工程体系更加的完善。

（五）加强信息化管理

随着科学技术的不断发展，在供热通风与空调工程施工的过程中应该重视信息化技术，人们应该利用计算机技术对其零件位置进行定位，进而有效地提高安装的水平。相关的工作人员也能够通过互联网平台进行合作与交流，处理实际施工过程中遇到的问题，进而有效地提高供热通风和空调工程施工的质量。

总而言之，供热通风和空调工程变成了现阶段建筑工程中十分重要的组成环节，其能够满足人们的实际生活需求，应该被重视。所以，空调安装的施工人员应该经过多样性的手段减少其施工中出现的诸多质量方面的问题，应该使用高素养的施工人员，并且使用合理有效的办法进行高效的管理。

第二节　建筑供热通风与空调工程施工要点

随着人们生活水平提高，人们对于自身的居住条件要求也更加严格。通风空调作为当下建筑建设系统中不可或缺的一部分，对于改善人们居住环境具有重要的作用。因此通风空调安装受到了人们的青睐，但是在实际中，由于一些客观因素存在，使得通风空调安装会出现许多技术问题和难点，给实际空调系统安装带来了巨大的困难。为了解决这方面的问题，文章结合当下建筑通风空调安装技术的流程，对安装过程中存在的一些技术问题和难点进行了分析，并在此基础上提出了一些建设性意见。期望通过这方面改进可以给通风空调安装带来一些实质性帮助，实现通风空调良好安装。

一、建筑供热通风与空调工程施工难点

（一）设备噪音大

在建筑通风空调工程安装过程中，由于各种原因会产生许多噪音，一般安装施工时产生的噪音是无法避免的。对于噪音的产生要究其原因，找到其中具体问题所在，然后再根据具体的情况采取有效措施。比如对于设施内部构件产生的噪音，其有可能是各个构件安装不牢固造成的，这时就需要对内部构件的牢固性进行检查。另外，材料质量等也有可能造成噪音，这时就需要进行相应的材质检查。此外，在实际安装过程中，如果组装设备时没有连接好，也会产生相应的噪音，所以在空调安装完成后，一般需要对连接处进行检查，确保其良好的连接。众所周知，噪音会给人们带来巨大的危害，经常处于有噪声的环境，轻则会使人头疼，重则使人丧失听力。因此在通风空调安装过程中，要注意噪音的防治。

（二）水凝结问题

除了设备噪音外，在安装方面出现的另一个技术难点就是水凝结的问题。空调在长时间处于运行的状态下，会出现结露滴水的现象。导致这种现象产生的原因一般有两种。第一种是凝结水排水管安装造成的，在凝结水排水管安装过程中，安装人员没有设置相应的坡度或者坡度较小，这样就会导致水凝结的产生。第二种就是排水管被堵，导致管内水流无法流动，从而导致水凝结现象发生。此外，冷冻水管和阀门的材质也会导致水凝结产生，因为在实际安装过程中，如果冷冻水管和阀门的材质比较差的话，就会对其抗冻效果产生影响，从而导致水凝结问题出现。

二、建筑通风空调工程安装技术流程

（一）噪声问题处理

对于噪声的处理，需要分情况进行有效的应对和防治。首先是从设备安装方面入手，在通风空调安装过程中，需要对许多设备进行安装。安装人员可以通过安装弹簧阻尼减振器的方式来降低噪音。在分级与风管连接处，可以采用软连接方式进行连接。对于空调机房，安装人员需要做好各种吸音措施，在空调机房内采用隔声材料作为围护结构，同时尽量减少门窗的设置，有效隔绝噪音外传。其次是水管安装方面，在进行水管安装时，要严格按照国家规范进行作业。对冷冻水主干管及冷却水管进行吊架时，可以采用弹簧减震吊架，并且在位置选择上尽量将其安装在梁上。当水管穿过楼板时，安装人员需要对水管进行套管，并在两者之间填充相应的阻燃材料，提高其安全性能。

（二）供热通风管路引入口的位置

在供热通风管路引入口位置进行设置的过程中，需要在引路口连接热源管路与采暖系统，并且在系统安装过程中还需要将必要的设备，仪表及控制装置进行明显标记。施工人员在设计过程中，还需要根据锅炉房的位置及供热通风室外管道地走向来确定引入口的朝向，此外还需要对供热通风管路的线路进行合理划分，通常情况下需要将供热通风管路的引入口，设置在地下室内或入口地沟内。此外还需要在供热通风管路引入口位置的供、回水总管区域设置温度计、除污剂和压力表等相关设备。

（三）供热通风管路环路划分与干管布置

为了解决供热通风管路在实际应用过程中出现的供热不均匀、管路划分不合理等问题，需要对供热通风管路环路进行划分，这样便可以合理地分配供热通风管路内部的热量，便于检修人员对供热通风管路进行控制、维修和调节。此外还需要根据供热通风管路在应用过程中的实际情况，将供热通风系统分解成单一的环路，然后根据供热通风系统中这些互不作用的单一环路组合成统一的系统，这样便可以在分配过程中使各个分支环路受到的阻力趋向平衡；在选择环路划分的过程中，可以优先选取同程式系统，这样便可以优化供热通风管路中的水流流向。此外在供热通风管路环路划分的过程中，还需要通过在建筑物中心地点铺设管线的方法来解决干管长度过长的问题。此外在供热通风管路干管分布过程中，如果建筑物内部南、北朝向房间受热不均匀，那么还可以在条件允许的情况下分别在建筑南向和北向的房间内部单独设置环路，这样就可以在供热通风管路运行过程中根据不同朝向调节供热通风管路内部的供热量。

（四）水凝结问题解决措施

对于水凝结的问题，从上述的技术难点可以知道，水凝结产生的原因主要是管道没有设置坡度和保温设施做得不到位。因此在实际中，要解决这方面的问题，安装设计人员需要根据安装的要求，对管道坡度进行合理的设计，确保其能够将冷凝水快速排出，在必要时还可以安装水封装置来解决这方面的问题。

（五）加强暖通施工材料的质量监管

施工材料使用与后续维修是息息相关的，为了提高工程质量和减少后续不必要的费用支出，要加强对施工材料的监管。在进行施工之前，要严格按照国家相关的技术标准采购施工材料；在施工过程中，对于部分像阀门、镀锌板等这样关键部位的材料选择必须要进行严格筛选，确保其质量符合国家标准。暖通系统的正常运行离不开阀门的正常工作，在施工过程中要确保阀门的强度和密闭性，在确定其符合规格和标准之后再进行安装。对于镀锌板这样的材料，在选择时应该要表面平整、没有缺陷、厚度一致的。除此之外，对于吊杆等相关机械设备的性能指标、支架的最大承重量、管道的受力情况和防腐性能等各个方面也要进行严格把关，保证其符合建筑暖通施工的标准，后续的验收工作也要做好。

（六）运用 BIM 技术进行施工组织管理

在实际空调安装过程中，要保证施工组织管理工作良好进行，安装人员可以采用 BIM 技术进行辅助管理。通过上述的分析可以知道，建筑通风空调在工程信息量方面非常庞大，涉及了通风、空调水、采暖、给排水等很多方面的问题。面对这么庞大的信息量，工程管理人员要想更好地进行组织施工，就需要引入 BIM 技术。安装人员可以通过 BIM 技术建立相应的模型，如施工进度模型、管道线路布置模型等。通过这些模型运行和分析，可以让安装人员能够提前发现其中存在的一些问题，然后做好相应的预防措施，保证通风空调良好安装。同时通过这种技术可以减少设计更改的现象，实现对工程安装资源的良好整合和优化，从而给工程施工组织管理带来帮助。所以，安装人员要提高自身在这方面的重视程度，加强这种技术的应用，保证自身的良好管理。此外，为了保证施工组织管理工作顺利进行，安装人员还需要在各专业配合上加大力度，了解工艺对土建的要求、设备专业与土建专业之间的协调性等方面的知识，做好各专业之间良好配合。

（七）加大空调工程施工中的监管力度

在进行空调工程和供暖通风施工中，施工人员会使用到大量的材料和设备，如果在施工中没有对这些材料和设备进行合理的管理，导致一些质量不符合工程施工要求或是性能出现残缺的材料和设备应用于工程施工，那么便会影响到工程施工中的施工质量。因此相关施工单位需要做好空调工程施工中的内部监管工作，安排专门的管理人员对施工材料和空调设备进行管理，并根据施工材料和空调设备的质量划分相应的责任制度，确保采暖通风和空调工程的施工质量得到保证，完善建筑企业在市场中的形象，提高建筑企业的市场核心竞争力。

在我国建筑业，供暖通风与空调工程在施工中，施工工序和施工步骤较为繁杂，因此在施工中为了不影响工程施工质量，施工方就应当在工程施工中考虑可能会出现的一切问题，做好工程施工中的细节工作，确保工程施工中的管道设备可以安全稳定的运行，改善空调工程施工质量，提高业主幸福感。

第三节　供热通风与空调工程施工质量控制

新时期背景下，供热通风以及空调工程是建筑项目中非常重要的组成部分，其在建筑中发挥的作用非常大，能够提升建筑工程的使用功能，可以满足人们对建筑工程使用的需求。而建筑供热通风与空调的安装又是系统的，任何一个环节出现问题都会影响系统功能的运行情况。所以在供热通风以及空调工程施工的阶段中，对每一个环节进行控制，保证施工效果达到设计要求尤为关键。

一、供热通风与空调安装技术

（一）管线布置

在空调安装的过程中，想要保障供热与通风，需要注意其附属设施的设计与安装。①管道的布置。空调运作需要利用管道供水，如果管道的设计不合理或者是对管道的保护力度不足，没有充分考虑到管道的设置应当注重何种方面的保护，那么就会使整个空调无法正常运作，难以保障施工质量，或者是会出现管道因没有设置保护措施，被外界环境影响，进而产生问题，影响其正常运作。因此，一般而言，在施工的过程中管道的铺设设计应当在充分地对外界的环境进行了解的基础上，对当前的管道安装形势进行判断。施工人员也应当严格的按照设计图纸进行安装，同时要保障施工的质量。②线路的布置。管道的铺设相同，对于线路的布置能够保障整个空调的正常用电。

（二）风管制作、安装

这一环节是整个工程的基础，正所谓基础不牢地动山摇，因此应当重视这一风管的制作与安装。①在制作的过程中严格地遵照设计及规范对于风管的质量要求，使用符合设计及规范质量要求的原材料；②安装的过程通过讨论决定。安装的精细度决定了整个安装工程的基础，因此，一般会在安装之前对整个风管安装的过程进行探讨。具体涉及以下风管安装步骤：首先确定安装风管是否需要附属设施、需要何种附属设施。例如，可能会需要升降梯帮助进行安装。其次，将所有的材料与附属设置准备完毕。其中涉及对材料的准备，为了保障安装的效率，一般会将风管放在地面进行预安装。最后，在施工过程中需要对风管予以保护，暂停施工的系统风管，应将风管开口处封闭，防止杂物进入，交叉作业较多的施工场地严禁已安装完的风管作为支、拖、吊架。硬聚氯乙烯风管通过防火材料的应用对其进行保护。

（三）空调设备

对空调设备的检验能够保障后续的工作开展。空调设备包含三个部分：①空调的风机检查工作。对其在安装之前进行检查，能够保障其在后续安装之后进行正常的运作。一般而言，检查的过程需要对两个问题进行明确：a. 需要确定其在运作过程中不会出现剐蹭。如果出现这一问题，说明风机不符合质量要求；b. 吊装风机或落地安装的风机在确定安装标高和位置后，采用水平仪找平、找正，不能出现较大的不平衡，否则会影响后续的空调稳定系数。②对空调器的检查工作。为了保障其能够正常的通风与供热，应当对空调器的安装质量进行保障，一般而言，会对其进行防震工作的保障，防止其在工作过程中因受到震动而影响正常运作。③对消音器的检查。不论是生产或是生活中都注重对于生活质量的保障。而空调在运作时会产生一定的噪音，将噪音降到最低就是消音器的工作，这与生产生活的质量息息相关。

风管安装的过程中出现问题，导致出现漏风的现象，影响其正常的供热与通风。风管的安装出现这一类的问题，原因在于风管的安装材料不符合要求，质量较差；或者是风管在安装的过程中没有达到技术水平的要求，尤其是在衔接处，密封条搭接长度不够，或共板法兰角处没用密封胶处理，导致整个通风管道出现上述问题。

在安装的过程中，由于涉及的阀门较多，而不同的阀门工作效率与安装手法不尽相同，因此，如果监管不力，就会出现上述现象。而阀门的错误安装会使整个工程的运行效果直线下降，无法保证所安装空调的正常运转与安全运作。

空调的通风与供热过程会需要用水，对用水量的需求直接决定了其当下需要工作的效率。然而，实践中总是存在空调的通风效果差或者是空调的供热（冷）效果不佳，这种情况出现就极有可能是因为空调的过滤器被堵塞，导致整个供水出现问题，影响空调的正常运作。

二、供热通风与空调工程施工关键技术

（一）室内温度设定

不同场所的空调安装需求不同，对于一些工程而言，空调的安装是为了进行生产；对于一些企业而言，空调安装是为了保障工作环境舒适；对于家庭而言，空调的安装是为了

生活质量的保障。总而言之，不同的安装工程，目的各不相同。在安装工程中，为了保障供暖与通风需要调节空调的温度与系统。①针对不同客户的需求，需要设置不同的室内温度，尽量满足所有不同类型的空调安装需求。这一工作也是为了减少对于空调的耗损，如果对于室内温度的设置不合理，用户在使用过程中经常进行调节，加快空调的损耗。②为了保障空调的安装符合绿色发展的理念，保障空调的安装符合持续性发展与利用的目的，需要将空调设置为节能模式。

（二）管道安装施工技术

管道施工的过程较为复杂，但是如果施工过程能够得到保证，那么整个施工就能够对空调的运行产生积极作用；反之，则起消极作用。因此，为了保障施工过程的顺利，在此对施工过程中的关键节点进行分析，以达到指导实践的目的产，生具体的内容如下：①明确整个管道的安装流程。安装的顺序有很多，由局部到整体还是由总到分，需要对其进行明确。②在安装之前的准备工作。主要内容就是保障施工环境，保障施工环境清洁。③管道的质量保障。为了保障管道的铺设能够实现利用最大化，需要对整个管道进行防腐处理，延长其使用寿命。④安装的过程中需要保障管道与管道之间的衔接到位。如果衔接不到位，就会使整个管道出现漏风或漏水的现象，影响空调的制热与通风。⑤需要对管道自身较重的部分增加支撑，帮助其减少自身的负荷。如果管道本身过重，就会使其下坠，长此以往会出现质量问题，影响空调的正常使用。

（三）设备的安装关键技术

在设备安装的过程中需要保障如下几点：①对所安装设备的质量检查。在安装之前保障空调的每一部分都能够正常运作且没有不良反应。②对施工环境的保障。在安装的过程中需要对环境进行事先的清理保障安装过程的安全与顺利。③在设备安装阶段中，需要按照工程的实际情况，做好设备稳定性控制，并且安装设备完成之后需要对设备的运行状态进行测试，查看设备系统运行是否正常、是否存在异响问题，若出现异响时则需要及时进行处理，以免设备带病作业。

（四）风口安装施工技术关键

风口的预留不是施工人员单独能够决定的部分。对于风口的开口工作操作本身而言，其并不具备难度，难点在于如何确定风口的预留位置。在实践中，必须遵照图纸的设计进行。如果在施工图纸中没有体现，那么要充分尊重甲方的意见或者是在与设计师沟通的基础上进行。其原因在于，风口打通之后会影响整个施工区域的美观度。在商业用途的商城中进行空调安装甚至会涉及消防装置的安装位置设置，而这些内容需要进行充分的协调。

（五）保温施工技术关键

空调的供热需要实施保温技术。①为了保障保温技术能够发挥效用，严格执行图纸设计保温厚度，确保其保温效果；②需要保障管道的安全与正常运行，支吊架安装严格按标准图集施工，并固定在承重结构上，确保支吊架能承受保温材料附加的重量；③使保温材料接头处拼接缝隙严格控制在规范要求范围内。

总而言之，在建筑供热通风工程以及空调工程安装施工环节，需要按照施工方案的要求进行施工，并且保证每一道工序的施工标准达到规范及设计要求，这样才能提高整体工程的质量。在上文分析中，对供热通风以及空调安装要点进行解析，目的在于提高各项工序的施工质量，满足建筑工程使用功能目标。

第四节　建筑供热通风与空调工程施工控制

从当前的实际情况来讲，在建筑工程施工中，会设置采暖通风功能，而在这一情况下，就需要利用供暖通风和空调工程，为其提供施工基础。因为在建筑工程中，这部分的施工对于技术的要求更高，而且在施工系统中比较复杂，使得建筑施工需要进一步认识到供热通风和空调系统中关键技术的意义。提高其施工技术与施工质量，不仅可以满足建筑工程的功能性，而且也可以降低建筑工程的能源需求，在提高建筑技术的基础上，为行业发展提供更大的动力。

一、供热通风与空调工程施工的关键技术

（一）施工控制技术

供热通风和空调工程施工所使用到的技术中，温度控制技术是比较重要的一种。这一技术可以有效改善室内的温度情况，调节温度水平，使其处在舒适的范围内。在供热通风和空调工程施工中，这一技术利用时，需要注意以下几个方面。首先是在供热通风施工的过程中，需要判断用户的实际需求，将温度控制在一定的范围之内，使其处在最佳状态。在实际展开施工工作时，施工人员需要从建筑施工位置情况，对其进行分析，降低能源消耗，并满足实际要求。其次是需要按照设计思路，确定室内新风量。这一方式主要是为了保证其高于室内所需的最低空气值。

（二）系统节能技术

供热通风和空调工程在完成施工后的一段时间内，可能会产生噪声，如果噪声较大，会导致其使用性能下降。而在这一情况下，利用噪声处理技术就具有更加积极的意义。首

先是在噪声处理的过程中，可以使用一些消音材料，如隔音材料或者是软管材料等，在施工中，也可以根据施工的情况进行消音。例如在结构设计时，避免出现碰撞与摩擦等情况。其次是在管道安装的过程中，需要按照国家的相关标准展开，如在房梁位置安装管道时，可以使用弹簧材料作为吊架，借此实现减震的效果，能够有效减少噪声的出现。

（三）噪声处理技术

在供暖通风和空调工程施工之中，能源消耗属于其中比较重要的问题，为了降低能耗，保证企业的经济收益，可以利用节能技术提高其整体效果。首先是可以通过加强系统节能的利用，改善空调系统，使室内的温度处在合理状态，并进一步降低能源消耗。其次则是在系统节能技术使用的过程中，考虑室外新风量的情况，通过自动调节系统，对其进行检测，并判断温湿度和舒适度等情况，借此使其处于合理状态，确保供热通风和空调工程运行的稳定性，也能够使供热通风和空调工程的质量获得更大程度的提高，使其满足当前的实际需求。

二、供热通风与空调工程施工的控制措施

（一）强化质量监管的工作效果

要想进一步提高供热通风与空调工程的建设质量，需要利用更加有效的方式，加强内部监督，提高质量监管水平。首先需要从供热通风与空调工程施工的图纸设计出发，选择质量更高的施工材料与设备。同时需要按照采购准备单上的产品情况进行采购工作，并保证该材料提供商拥有完善的手续与资质。其次则是需要有效地加强质量检验工作，全面与有效地控制所有材料与设备的质量，在质量验收完成之后，由工作人员进行管理，保证所有材料都能够得到有效控制。最后是在安装工程中，需要加强质量管控工作，针对安装流程的各个环节有效地提高管理水平，避免其中出现更加严重的问题。

（二）健全工程施工的管理措施

建立完善的供热通风与空调工程施工系统管理制度对于这一工作来讲，具有非常重要的意义。在正常施工中，需要有完善的管理制度作为发展基础，企业需要优化自身的质量管控体系，在各项工作中按照相关要求，有效地提高工程质量。为了进一步提高管理制度的有效性，需要从施工的角度出发，满足具体要求，将其纳入施工重点，借此使其可以获得更好的效果。

（三）提升工程关键技术的作用

在实际开展施工工作的过程中，需要保证有关技术可以发挥出更加积极的作用。首先是安装施工技术，在实际展开管路安装的过程中，需要按照相关顺序进行各项工作，提高

其施工的有效性。在完成管线安装之后，才能够连接空调设备，而且在管道切割的过程中，需要加强施工现场管理，避免杂物进入管道之中。在焊接工作展开时，需要减少焊接重叠的情况。其次是在设备本身安装工作之中，需要确定材料的完整性，设置预留孔，为后续工作提供帮助。

综上所述，供热通风与空调工程已经成为现代工作中的重要组成部分，对于建筑功能的有效发挥和人们的生活需求等方面，都具有非常重要的意义。所以需要进一步提高对有关问题的重视程度，针对其实际情况进行分析，制定出完善的施工方案，特别是在面对一些比较复杂的施工部分，可以利用更加有效的措施，加强整体保护效果，避免出现问题，优化施工质量，为其提供更加有效的管理措施，使其能够获得更好的效果。

第九章　空调工程管理研究

第一节　通风空调工程施工质量的控制与管理

一、通风空调简介

通风空调常见于学校、商场、酒店、医院、工业厂房等大型公共及商业建筑内，随着人们对健康和生活环境的重视度逐渐提升，很多家庭也开始安装通风空调。通风空调最主要的功能就是为人们提供所需要的氧气，保持室内氧气的含量，并且将室内的空气污染物或者异味稀释掉，排除生活或工艺加工过程中产生的污染物，净化空气。通过空气的流通，也可以带走室内多余的热量和湿度,满足人们在室内对新鲜空气和足够氧气、温湿度的需求。

通风空调与普通空调的区别主要表现在以下几方面：①在空气净化的程度方面，通风空调对室内空气的过滤至少要保证在三级以上；而普通空调一级、二级都可以。②在对室内压力的控制上，通风空调对室内的洁净度压差有明确规定，因此通风空调的内部系统更加复杂；普通空调并无此项要求。③气流组织方面，通风空调系统对室内的清洁要求更高，对于室内的污染物和气味限制也有明显要求，而且它将污染物从室内带出的速度也有相应的要求；但是普通空调往往都能起到平衡室温的作用，要求室内的通风面积小，从而在较短的时间内保证室内的温度和湿度达到均衡。④换气次数方面，通风空调每小时的换气次数必须达到 10 次，有些大型系统设备甚至可以达到数百次；而普通空调没有换气要求。正是基于这样的区别，通风空调的种类也比较多样，民用建筑和工业建筑的对于通风空调设备也有一定的区分。如果从通风流向来划分，也有排风和进风的区别。如果从通风区域控制的角度看，可以划分为全面通风和局部通风设备；同时，通风空调也分为机械通风与自然通风。

二、通风空调工程施工质量控制与管理存在的问题

（一）工程施工质量不达标

通风空调工程施工的质量不达标，多因为施工方案实施过程中的非有序操作。通风空

调工程包含通风设备、风管、冷热媒介质管道、电气、自控以及保温等专业的施工内容，是一个综合的施工过程，要综合性地制订满足通风空调施工质量和后续调试等方面要求的施工安装。在很多实际工程施工过程中，受施工人员技术能力与执行情况、工机具等诸多因素的影响，完全能够按照施工方案进行通风空调工程施工的情形都较少，加上不能严格地进行质量检查，最终导致工程施工质量难以达到标准。例如，通风空调工程在安装时，法兰连接的因密封胶条粘贴不到位或螺栓紧固力度不够、无法连接的咬口宽度不够或焊接的电流过大致使板材烧穿等现象，同时施工完成后因质量检查缺失而产生了连接口漏风现象，这种现象非常常见，但连接口的漏风不易被检测发现，影响着通风空调工程的整体质量水平。

（二）工程施工精细度不高

建筑工程虽然消耗的资源多，但是对精细度的要求却极高，不能因为一点疏忽最终影响工程质量。通风空调在工程施工中对精细度提出了非常高的要求，但是在实际施工中由于技术水平的限制、工人主观的判断失误等原因，最后影响精细度。通风空调精细度往往对后续设备的使用产生重要影响。对于密闭建筑空间来说特别是精细化厂房、医院病房等对通风空调工程精细度要求高的场所，通风空调对室内生产和工作人员的健康状态和生存环境、所生产产品的质量都起着重要的作用，一旦出现精细度不高的问题，会导致无法满足该场所对通风空调的要求，后期需要花费大量成本进行修正，同时对整体工程质量和建筑水平都会造成较大的负面影响。

三、通风空调工程施工质量控制与管理对策

（一）对材料进行管理

空调安装施工材料是关键因素，使用的各种管材、设备必须符合设计规范要求。专业成套设备进场应由建设单位、施工单位和监理单位共同开箱验收，按设计要求和装箱单核查设备型号、规格及有关设备性能技术参数；进口设备除按上述规定外，还应有国家商检局商检证明(国家认证委员会公布的强制性认证[CCC]产品除外)、中文版的质量证明文件、性能检测报告以及中文版的安装、使用、试验要求等技术文件，确认无误后，监理工程师签发认可，方可用于工程。

（二）对预留洞进行管理

在空调安装过程中，要保证所有管线都能按规范要求进行安装，则需把预留洞的数量，以及高度、宽度确认，不能出现误差，否则后续施工会出现浪费管道材料的问题。暖通设备、管道施工完毕后，会留下许多穿墙或楼板的预留洞，这些孔洞的封堵一般由土建专业配合完成。如果堵塞不好，会出现如漏风、新风量不足等问题。施工管理人员要做好预留

洞封堵检查，协调相关专业及时处理隐患。

（三）对套管进行管理

在施工过程中，安装各类通暖管道，需要使用套管起到一定的辅助作用。但是很多施工单位在安装过程中，都会忽略这个问题。安装套管时必须要注重以下提到的问题，首先经常会遇到的管套顶层穿墙时，触碰到梁的问题，可以通过少安装一些来解决，其次要注意开梁下，上下两个部分需要分别加一些气和水，安装时不能破坏工程的完整性；最后在安装地下室管道时，需要做好防水处理，避免潮湿的环境腐蚀管材，可以选择使用刚性套管来解决这个问题，保证管材的使用寿命。管道安装完后，一定要注意套管的密封，保证施工质量。

（四）对管线铺设进行管理

在各类管道安装前，必须进行综合管线布置，需要相关的工作人员与设计人员一起进行规划设计，从而保证能够准确铺设管线。管道综合布置原则：风管布置在上方，桥架与水管水平布置在同一高度；桥架与水管在同一垂直方向时，桥架布置在顶部，水管布置在底部，以便综合协调利用可用空间。避让原则：有压管道让无压管道，小管道让大管道，施工简单，施工难度大。在安装时必须严格按照这些要求。其次管道甩口的问题也要加入到设计中，让整个布局更为准确，这样才不会影响管线的铺设。

（五）风管施工管理

风管在制作过程中，切割过程中应控制切割机的方向，以达到设计要求，并尽量节省原材料。板材与板材之间的接缝应错开，各接缝应紧密连接，宽度相同。在连接过程中，应注意不同法兰连接的不同性能，如角钢法兰和扁钢法兰，应针对角钢法兰和扁钢法兰具体设计铆接工艺和厚度尺寸。用于法兰连接的螺母应在同一侧，螺栓应按十字交叉对称拧紧。风管连接用法兰垫片应采用厚度大于 3mm 的垫片，其燃烧性能和耐热性能应符合有关规范。每节风管制作完成后，应对风管的死角进行密封胶合，以保证风管的严密性。

风管安装时，各系统的主管应安装固定支架，防止风管在通风过程中晃动和偏斜。风管的安装应根据现场情况而定。地面上可预先连接一定长度，也可采用吊装法就位，也可逐个连接就位。一般顺序是先干管，后支管。立管通常是自下而上安装的，风管较长时，应按要求设置防摇支撑。安装完毕后，应找平找正，接口严密牢固，符合设计要求。风管应尽量水平垂直安装，避免过度弯曲，既经济又美观。穿过火区的风管需要安装防火阀时，阀门与防火墙之间的风管应采用 1.6mm 以上的钢板制作，风管与保护套管之间应采用不燃柔性材料封堵。安装防火阀时，熔断器应在阀门的进气口，即气流方向。水管的安装也应平直，在转弯或爬坡位置尽量取 45° 角，以减少弯头处的空气滞留。建筑物必须用金属软管穿过沉降缝，管道与设备的连接必须有相应规格的软接头。

风管系统安装完毕后，应进行风管严密性试验。风管连接后，应按规定进行漏光处理，并注意法兰及连接部位。如有漏气现象，需重新安装或采取其他措施修复，直至达到规范要求。低压系统按规范抽检，抽检率为5%，抽检不少于一个系统。在保证加工工艺和安装运行质量的前提下，采用漏光法。漏光试验不合格时，按规定的取样率进行漏风试验。中、高压系统风管应采用漏风量测试方法检测。漏风量测试装置应符合现行国家标准《通风与空调工程施工质量验收规范》GB50243规定。

随着科学技术的不断突破和社会生产力的发展，人们对工作、生活环境的质量要求逐渐提升，再加上工业化给环境带来的污染以及职业健康卫生方面的要求，使很多场合都不得不采取机械通风的方式进行室内通风与空气净化。通风空调的出现正好可以满足建筑工程建设过程中对室内环境和空气质量的要求，让人们在更舒适的环境中进行工作、学习与生活。

第二节　通风空调安装工程成本管理

一、通风空调安装工程施工前的准备工作

（一）通风空调安装工程施工前的质量控制

1. 做好通风空调施工图的质量控制

建筑通风与空调安装工程施工图必须符合国家现行的有关设计规范和当地劳动、质检、消防等主管部门的要求，同时通风空调施工图应满足业主的使用功能。工程组织施工前须进行图纸会审，审查施工图中的重点。另外，应该重点做好与土建专业的协调。

2. 做好主要通风空调设备材料的质量控制

民用建筑的建设，各种通风空调设备材料的品种规格较多，用量较大，为确保通风空调设备材料的质量和安全性能，以及降低成本，最好能够进行统一管理，统一采购。采购的设备、材料应能够提供相应的质保书、合格证、供货说明、测试报告等技术保证资料，部分材料应按照规定经过当地质检部门检查测试合格。

（二）成本管理

施工企业在建筑通风与空调安装工程中标后，在施工准备阶段首先要组织有经验的工程技术人员根据业主下发的施工图纸编制详细的施工组织设计方案。确定科学的施工方案，可以提高工程质量，确保安全施工，缩短施工工期，降低工程成本。根据建筑通风与空调

安装工程施工组织设计方案，编制施工成本，并以此成本作为施工企业的成本控制目标。工程在正式实施过程中必须以目标成本作为项目成本支出的依据，确保项目的现实成本在目标成本的控制范围内。

二、建筑通风与空调安装工程施工过程管理

（一）建筑通风与空调安装工程施工过程质量管理

现场施工质量控制是通风空调安装工程的核心部分。在工程施工前，应该对所有施工单位的技术人员就施工内容、安装要求、隐检要求等质量控制细则统一交底。施工时应根据 GB50243－97《通风与空调工程施工及验收规范》的要求，配合相关的通风空调安装标准、图集、规范施工，严格要求材料质量和施工质量，协调施工中碰到的问题，及时做好隐蔽工程的检查、记录等，根据现场施工质量控制的重点，要做好以下几个方面：（1）风管及部件安装的质量控制；（2）空气处理设备安装质量控制；（3）制冷系统安装质量控制。

（二）建筑通风与空调安装工程施工过程成本控制

施工过程管理是施工管理的主要内容。劳务队伍进场后，首先组织劳务的分包熟悉现场的施工条件，针对施工进度施工质量对劳务队伍提出要求。施工过程中，现场责任工程师必须根据施工组织设计方案向劳务分包进行技术交底，为了确保施工质量，避免不必要的返工及成本支出提高效率，技术交底必须有针对性并且详细明确。建筑通风与空调安装工程施工成本中主要材料设备占有成本相当大的比重，因此主要材料设备的采购管理是施工管理的重要环节，同时也是施工成本控制中的重要内容。

施工开始之前，材料工程师必须根据施工图纸和材料设备表，会同施工技术人员，对三家以上有竞争实力和信誉度良好的供货商进行比选招标，另外对于大型的重要设备如空调机组，制冷机组、冷却塔等必须对厂家进行现场实地考察以确保设备质量和厂家的综合实力和供货能力。在价格比选过程中，必须参考工程中标时的合同及投标成本，结合工程的实际施工情况，合理确定材料设备的采购单价和总价，在保证采购成本在目标成本可控范围的前提下，最终确定有实力的供货商作为中标单位。在采购合同中必须明确设备材料供货周期和进场时间，为日后合同的顺利履行奠定基础。

二、建筑通风与空调安装工程施工过程管理的后期质量控制

现场施工基本结束后，做好后期质量控制十分重要，对所有风机，风机盘管，送风、回风口等设施在竣工前做全面的清理，保证表面整洁，各风机盘管，送、回风口的名称、编号、规格等标记齐全、清晰。检查风管漏风检测试验、冷冻水管道压力试验，制冷系

统气密性试验等试验项目的测试以及测试报告的编制，对所有隐蔽工程检查的隐检单，各种技术资料、合格证书、质量保证书，各类设备、材料的测试报告等资料整理汇报，并装订成册；根据工程实际施工情况编制完整的工程竣工图，整理汇总，装订成册，作为工程验收的依据和业主今后维修的原始资料。

综上所述，通风空调安装工程施工企业为了提高自身的经济效益，必须加强成本管理和质量控制。针对建筑通风与空调安装工程的特点，在施工前做好充分的准备工作，编制科学合理的施工组织设计方案，确定合理的目标成本，选择有竞争实力的专业的劳务分包队伍进行施工。在施工过程中，通过图纸会审，对施工图纸进行明确。工程师合理安排施工进度计划，并提供详细明确的技术交底指导施工。对于通风空调安装工程的主要材料设备的采购工作要充分考虑价格因素和供货商的合同履约能力，以及设备材料的供货周期和进场时间安排等因素对合同履约的影响。在整个施工过程中，必须加强合同管理，以合同为依据，以事实为基础，充分发挥主观能动性，在施工的各个环节，做好全方位的造价管理工作，合理控制成本，确保现实成本在目标成本的控制范围内。

第三节　暖通空调工程管理与暖通节能技术

暖通工程在城市中十分常见，工程施工的目的在于调节室内温度，避免居民受到环境温度的影响而导致舒适度下降。近年来，对暖通工程施工质量的要求不断提高，而在可持续发展理念的影响下，节约能源也成为这类工程的主要发展方向。由此可见，对工程的管理方法进行总结，并对相关节能技术的应用问题进行分析，具有重要意义。

一、工程管理中存在的问题以及处理手段

在暖通工程中，常见的管理问题主要体现在质量、安全两方面。在设备方面，工程部门应该引进多台先进的设备；在施工安全方面，应完善施工管理制度，对施工人员进行充分的安全教育，使他们提高安全意识。具体如下：

（一）质量问题与处理

工程质量因受多种因素影响，参差不齐。常见的影响因素主要包括设备质量、材料质量、图纸质量、施工流程情况以及竣工检验情况等。另外，工程施工期间，人员的素质也会影响整个施工结果。具体如下：

（1）设备。暖通工程施工，需要使用相应设备。设备性能是否良好，能否满足持

续运行的需求，是工程要考虑的重点。一部分暖通工程对质量较为重视，会选择先进设备用于施工。但一部分工程则过于强调节约成本，导致虽然成本下降，但设备的质量无法达标，在经过一段时间的使用后逐渐出现了故障。殊不知，对设备进行维修的过程，也会导致成本增加，且会对工程的形象造成不良影响。

（2）材料质量。暖通工程施工对材料质量同样具有较高要求。工程在施工时所使用的材料，多为管道材料。导致上述材料质量不达标的原因，与工程施工人员缺乏选择高质量管材的能力有关，也与其追求低成本有关。针对前者，工程需要重新选择采购人员，要保证收集了足够的市场调查数据后，才对管道进行购买。针对后者，则需要认识到后期维护所带来的成本，避免贪图眼前利益，而忽略了长远发展。

（3）图纸质量。工程施工人员的整个施工流程，都需要按照图纸的要求来完成。因此，一旦图纸失误，工程必然存在质量问题。由此可见，保证图纸质量尤为重要。为此，施工人员要在工程中与设计人员结合现场状况一同，对图纸进行检验，判断是否可行。如可行，方可施工；反之，则可考虑调整图纸。

（4）施工流程情况。暖通工程施工需要按照流程进行，如果流程不合理，也会影响质量。为了避免出现类似现象，在施工之前，管理人员需要组织施工人员召开宣传大会。通过上述方式，为其介绍施工流程，并且强调按照流程施工的重要性。另外，在施工期间，还可通过监督的方式确保整个过程均为正常流程。一旦监督人员发现异常情况，需要及时予以纠正，避免一错再错。

（5）竣工检验情况。工程竣工期间，施工人员需要通过验收的方式判断工程质量。如果在验收过程中发现了质量问题，则不得通过验收。验收的内容除了工程的整体构造情况外，还包括参数。只有保证参数与设计相符，才能确定工程无质量问题。

（二）安全问题及处理

暖通工程施工过程中，同样存在一系列安全问题，而常见的风险则体现在施工人员、系统风险两方面。管理人员要从以上两方面入手，落实安全管理工作，保证管理质量。

（1）施工人员管理。施工人员缺少安全意识，在施工中随意调整流程，长期错误应用施工技术，或忽略稳定安装设备，则会影响工程的安全性，增加风险。因此，需要加强对施工人员的管理。首先，要对施工人员进行安全教育，包括在暖通工程中经常发生的风险，以及如何采取手段预防工程风险。在教育之后，可以要求施工人员进行模拟操作，以此为基础进行考核，实现对人员的筛选，最终选出高素质人员参与施工过程。其次，还需要对整个施工过程进行监管。

（2）系统风险管理。暖通空调系统运行期间会产生大量风险，预防系统风险有助于保证系统安全。例如某暖通工程，在安装空调后进行了试运行，结果显示空调噪声较大，已经超出了允许范围。为了减少噪声，该工程的施工人员对问题的原因进行了分析。分析显示，空调系统中某两个构件之间，存在碰撞问题，并且空调的安装稳定性同样较差。在发现以上情况后，施工人员重新进行了安装，重新试运行后未再发生噪声。以上案例表明，系统的风险已经被排除，工程的安全性也得到了保证。当然，暖通系统的风险不仅体现在噪声方面，还包括结露等。施工人员需要对经验进行总结，充分掌握可能发生的问题，做到心中有数，才能真正达到预防风险的目的，提高安全管理水平。

二、节能技术及其应用

为了达到节能的目的，可以从设计、设备、施工三个角度出发应用节能技术，具体如下：

（一）设计因素

实践经验显示，对空调的风系统、冷热源以及流量系统，对空调进行优化设计，有利于达到节能的目的。因此，在工程中，设计人员可对上述因素加以考虑，具体方法如下：

（1）风系统。在空调中，包含风系统，主要功能在于送风，确保空调能够制冷，或输送暖风。如通风系统设计不合理，会导致无法达到节约能源的效果。为了实现节能，必须了解通风系统的构成情况。根据所在区域的不同，可以将此系统分为两部分，分别为内部与外部。后者的功能，以供暖为主；前者则相反，主要负责制冷。当对后者进行设计时，可以将散热器应用其中。采用上述设计方式，能够有效节约设备，并且能够实现对能源的节约。当对前者进行设计时，可以适当缩小机房体积，当需要制冷时，能够达到预计的制冷效果，且节能效果良好。

（2）冷热源。传统的暖通工程，制冷以及供暖功能的实现都需要一定的资源作为支持。而通常情况下，工程会选择电力资源。当前，电力资源一般来源于火力发电。因此，在使用空调的过程中，会间接导致浪费煤炭资源。另外，空调的使用也会导致电网负荷增加，一旦电网无法承受，便会发生超负荷现象，导致故障出现。可见，传统的能源供应方式虽然较为可靠，但在节能方面仍然具有缺陷。针对上述问题，当前暖通工程领域提出了一项新技术，又称冷热源技术。根据这一技术要求，电力资源不再是空调供暖的唯一资源，天然气将会在未来被广泛应用。在设计时，可以将空调的标准层，划分为四大模块，每个模块相互独立，不存在联系。而为了保证各个区域能够正常运行，则需要分别在各区域内增加空调箱等设备。在上述设计方式下，供暖以及制冷的程度都会与末端负荷发生联系。经过运行后，空调对能源的消耗量也会进一步降低，满足工程对节能的要求。

（3）流量系统。空调中的流量系统构成相对简单，冷水机组属于其重要组成部分。

通常情况下，工程会在此系统中设计固定数量的机组，在空调运行后，各个机组都需要共同开启，时刻保证空调的功能无异常。以上设计方式下，如用户对制冷或供暖的要求不高，负荷较低，则在各个机组中，部分冷水机就会处于等待状态，既未被使用，又消耗了能源，与节能的设计理念不符合。对此，设计人员可在对空调系统进行设计期间，通过相应的措施获取空调的运行数据，并根据数据对冷水机组开启台数进行实时控制。简言之，当无需所有机组运行时，一部分机组就会停运。上述设计方式对能源的节约能够起到重要作用，满足节能的需求。

（二）设备因素

设备缺乏节能效果或设备使用数量过多，会造成大量的能源浪费，从而影响整个工程的最终效果。因此，为了实现节能，在选择设备时一定要保证质量，还要尽可能地减少设备数量，避免大量设备运行，造成能源浪费量过大。

（三）施工因素

在施工过程中，施工人员是否能够掌握节能技术，并将技术应用到具体的操作中，是影响节能效果的关键。在控制施工环节时，应首先保证设计人员可参与施工，并指导整个施工过程，通过调整空调机组等方式减少对电力资源的浪费，提高节能水平。另外，施工人员还需要按照图纸严格施工，谨慎操作，不得存在失误，避免导致工程质量不尽如人意。

综上，为了保证节能效果，加强对暖通工程的管理，并积极使用技术，较为重要。目前，暖通工程管理中仍然存在一些不能忽视的问题，节能设计的效果也并未达到令人满意的程度。未来，工程需要从自身出发做出改变，要从材料等角度入手保证施工质量，同时通过监督和处理空调常见病害的方式，保证工程安全运行。此外，还需要充分利用各项设计技术，并做好设备以及施工方面的调整，最大限度地保证节能效果，从整体上提升我国暖通工程的施工质量。

第四节　建筑工程分体空调智慧管理

随着生活质量的不断提升，人们对空调的需求量越来越高。虽然大型建筑或者商场会使用中央空调，但是局部位置仍然会使用分体空调，以满足不同区域的实际使用需要。大量实践经验表明，对于分体空调，前期购买成本只占据整个使用生命周期成本的15%左右，后续使用维护成本将达到85%左右。所以，如何对分体空调进行高效的使用管理越来越受到人们的关注。本节结合建筑工程的分体空调使用现状，设计了分体空调智慧管理系统，并将其应用到实践中，结果发现，该系统取得了较好的应用效果，有效地解决了分体空调使用中的管理问题。

一、分体空调智慧管理系统的整体框架设计

（一）系统组成

本研究设计的分体空调智慧管理系统由三大部分构成，分别为监测系统、客户端服务系统和后台服务应用系统。

监测系统。监测系统主要用于实时监测建筑工程的分体空调运行状态，判断分体空调的健康状况，对潜在故障进行预测。整个系统由多个部分构成，主要包括分体空调本身、空调管家、物联网、云服务器、监控计算机、温湿度控制器等。温湿度控制器的作用是对分体空调所在区域的温度数据和湿度数据进行实时采集，通过无线方式实现通信。空调管家内部设置电力计量芯片，可以对空调运行中产生的电力信息进行监测，如电流、电压、功率等。基于监测获得的数据信息，监控计算机通过物联网和云服务器进行分析计算，判断空调存在的故障，同时对室内温度和湿度进行精确控制。

客户端服务系统。客户端服务系统的主要作用是从云服务器中调取建筑工程所有分体空调运行过程中产生的数据信息，并对这些数据进行全面的分类统计，以可视化的形式呈现给客户。可以在客户端进行展示的数据包括空调的健康状态数据、空调已经出现的故障数据、空调运行时产生的电量数据等。用户通过客户端可以清晰地以柱状图、走势图等方式掌握分体空调的运行情况。另外，可以通过多种方式进行查询，随时查看想要看到的数据。

后台服务应用系统。后台服务应用系统相当于监测系统与客户端服务系统之间的桥梁，基于监测系统获得的数据信息，首先需要通过后台服务应用系统进行分析，然后才能呈现给客户端服务系统进行查询。后台服务应用系统会在第一时间分析和处理监测到的数据信息，判断分体空调的健康状况。如果分体空调确实存在故障，后台服务应用系统会向工作人员发出警告，以便及时进行处理。另外，系统还可以基于先进的数据处理技术，对分体空调可能存在的故障进行预判，进而采取措施进行处理。

（二）系统架构设计

本研究基于 B/S 架构对分体空调智慧管理系统进行设计，该系统具有突出的应用优势。用户不需要安装专门的客户端软件，通过终端设备中的浏览器就可以登录和使用智慧管理系统，主要终端设备包括笔记本电脑、台式电脑、手机和平板电脑等。登录系统后，可以对建筑工程中分体空调的各种运行数据信息进行查询，实现空调运行过程的精细化管理，提升管理效率，降低空调运行成本。

分体空调智慧管理系统整体框架可分为 5 个层级。一是被控对象层，主要是指分布在建筑工程不同空间区域内的分体空调。二是控制设备层，主要是指对分体空调进行监测和控制的相关硬件，包括温湿度控制器、物联网等。三是通信网络层，主要作用是实现不同硬件设施之间的通信和云端通信，本研究设计的系统通信服务由专业通信公司提供的平台来完成。四是云端逻辑层，主要是指云端服务器，可以直接进行租赁或购买，可以在云端服务器中对数据的采集、存储、分析等业务进行部署，另外，还可以将先进的大数据分析技术、云计算技术等部署在云服务器中。五是终端应用层，主要是指终端设备，即笔记本电脑、台式电脑、手机和平板电脑等，通过终端设备对建筑工程中的分体空调进行监控。

二、分体空调智慧管理系统的主要功能

分体空调智慧管理系统有很多功能，受篇幅限制，下面重点介绍主要功能。

（一）空调运行情况统计与监管

有些建筑工程使用大量分体空调，并且分布区域比较分散，采用传统的人工方式进行运行情况统计与监管，存在很大的难度。分体空调智慧管理系统通过先进的物联网技术，可以对所有分体空调进行实时监控，利用大数据分析技术和云计算技术等对空调的运行状态进行监管。可以采集的数据包括空调开启状态、运行模式、设置的温度大小等，房间内部的温度、湿度等信息，空调运行时的电流、电压和功率等信息。所有数据信息通过后台服务应用进行处理后，以可视化的方式在客户端中呈现，方便用户对分体空调进行监管。

（二）空调的集中控制与节能管理

空调属于大功率电器，如果使用不当，就会消耗大量电能，提升设备的使用成本。实践经验表明，空调温度设置和环境封闭程度是影响空调电能消耗的两大因素。分体空调智慧管理系统可以对相关区域内的所有分体空调进行一键开启和关闭，设置相同的温度，定时关闭所有空调；对空调的温度区间进行限制，冬季不得高于 20℃，夏季不得低于 26℃，同时可以强制关闭部分空调的电源；可以结合环境温度，智能调整空调温度，在确保环境舒适性的前提下降低电能消耗。

（三）故障预报

分体空调运行中，常见故障不多，通过对设备的运行数据进行深入分析和挖掘，可以实现故障的提前预报。对于经常出现的故障，可以进行集中维护和保养，避免单次维修和保养导致整体维护费用增高。另外，通过提前预报故障，可以及时处理故障隐患，将小问题扼杀在萌芽状态，避免小问题引发大故障，提升设备的使用寿命。比如，缺氟是分体空调的常见故障之一，对于一台 1.5P 的分体空调，如果在缺少 30% 氟的状态下连续运行一年，

那么与正常情况相比，其使用的电量将增加 200 kW·h 左右，所以提前预判故障，还能节省设备运行消耗。

（四）全流程数字化管理

分体空调智慧管理系统可以对建筑工程中的分体空调进行全流程数字化管理。整个生命流程可以开展节能潜力评估、空调安装方案设计、设备具体安装、设备运行实时监测、运行状态数据分析、设备故障诊断和故障动态修复等工作。以上过程几乎涉及整个分体空调的生命周期，均可以基于数字化方式进行管理。

三、应用案例分析

本研究设计的分体空调智慧管理系统已经在实际建筑工程中得到应用，并且取得了良好的应用效果，获得受众的一致好评。某高校的办公楼、教学楼、学生宿舍楼和食堂等位置安装大量的分体空调，给后期维护管理带来极大的困难，为了提升分体空调运行维护管理的效率和质量，该高校引进了本节研发的分体空调智慧管理系统。在学生宿舍楼中，不同学生人群对环境温度的需求存在一定差异，这给空调节能技术带来了一定的挑战。本系统的应用使得学生宿舍楼的分体空调节省大量能源，能耗降低平均水平为 20%，效果最好时甚至超过 30%，在给不同学生带来不同需求的同时，获得学校相关人员的一致认可。

为了验证分体空调智慧管理系统的应用效果，将该高校某栋学生宿舍楼的所有宿舍随机、平均分为两个组。其中一组不做任何处理，沿用原来的使用模式，另一组使用本节所述的分体空调智慧管理系统。整个试验过程持续 15 d，试验期间对所有宿舍每天使用的电量进行统计分析，并且取平均值。使用分体空调智慧管理系统的学生宿舍平均电量消耗比没有使用该系统的要少很多，可节省 30% 左右的电量。

分体空调智慧管理系统可以节省电力能源，并对分体空调的运行故障进行统计分析和预测。在上述应用案例中，该系统在三个月内成功对 152 起分体空调故障进行诊断。统计发现，分体空调故障类型主要分为五种，分别为室内机脏堵、室外机故障、严重缺氟、系统堵塞、压缩机启动故障。其中，室内机脏堵是占比最多的故障，达到 40% 左右；严重缺氟也是常见的故障，占比为 31% 左右。

虽然建筑工程很多时候会使用中央空调，但特殊情况下仍然会使用大量的分体空调，这给空调管理带来一定的难度。基于此，有必要设计分体空调智慧管理系统，实现对空调的自动化管理，提升管理质量和效率。本节充分分析分体空调运行特点，设计分体空调智慧管理系统，并将其应用到工程实践中。实践表明，分体空调智慧管理系统不仅可以对分体空调常见故障进行智能化诊断分析，还能达到很好的节能效果。

第五节　商用中央空调工程项目的建设管理

空调是空气调节的简称，是指利用设备和技术对建筑、构筑物内环境空气的温度、湿度、洁净度及气流速度等参数进行调节和控制，以满足建筑物及室内的用户对温度、湿度及空气质量的要求。中央空调是一种应用于大范围（区域）的空气温度调节系统，中央空调系统由一个或多个冷热源系统和多个空气调节系统组成，根据用途不同，可以分为商用中央空调和家用中央空调两大类。

一、商用中央空调的特点及分类

商用中央空调广泛应用于企事业单位、商场、宾馆、体育馆、教学楼等各类大中型公共建筑物。商用中央空调项目属于与土建工程相关联相对应的暖通安装工程，是现代大型建筑物的重要配套设施，主要由制冷（热）机组、冷热媒介质输送管道、通风空调处理设备、电器控制设备等组成，具有体积庞大、结构复杂、经济节能、管理方便等特点。商用中央空调的分类方法多种多样。主要是按冷热源机组的不同分类、按空气处理系统来分类。冷热源机组设备按照功能有单冷式、热泵式两种。目前，常用的制冷设备有电动蒸汽压缩式制冷机和蒸汽吸收式制冷机。

（一）电动蒸汽压缩式制冷机

电动压缩式按机组放热侧热交换方式分为：水冷式、风冷式、蒸发冷却式；按制冷压缩机型分为开启式、半封闭式、全封闭式；按制冷压缩机类型分为：往复活塞式、离心式、螺杆式、涡旋式。

（二）溴化锂吸收式制冷机

空调工程应用的蒸汽吸收式制冷机主要是溴化锂吸收式冷水机组，按热源的不同有直燃型溴化锂吸收式冷水机组、蒸汽型溴化锂吸收式冷水机组、热水型溴化锂吸收式冷水机组、太阳能型溴化锂吸收式冷水机组。

（三）热泵系统的分类

热泵就是利用驱动能量使能量从低位热源流向高位热源的装置。热泵系统有空气源热泵系统、地源热泵系统、水源热泵空调系统、溴化锂吸收式热泵系统。

地源热泵系统：以岩体土、地下水或地表水为低温热源，由水源热泵机组、地热能交换系统、建筑物内系统组成的供热空调系统。根据地热能交换形式的不同，地源热泵系统可分为地埋管地源热泵系统、地下水地源热泵系统、地表水地源热泵系统。

水源热泵机组按使用侧换热设备的形式分为冷热风型水源热泵机组和冷热水型水源热泵机组；按冷（热）源类型可分为水环式水源热泵机组、地下水式水源热泵机组、地下环路式水源热泵机组。它是一种采用循环流动于共用管路中的水，从水井、湖泊或河流中抽取的水或在地下盘管中循环流动的水为冷（热）源，制取冷（热）风或冷（热）水的设备；包括一个使用侧换热设备、压缩机、热源侧换热设备，具有单制冷或制热和制热功能。

溴化锂吸收式热泵型机组有以增大制热量为主要目的的第一类溴化锂吸收式热泵机组，这类机组按照加热源可以分为蒸汽型和直燃型，按照供热循环可以分为单效型和双效型；有以提高热量品位为主要目的的第二类溴化锂吸收式热泵机组，这类机组按照产出的高品位热源可以分为蒸汽型和热水型，按可以利用的低品位热源可以分为余热蒸汽型和余热水型，按级数可以分为单级升温型和双级升温型。

（四）空调系统按空气处理设备的设置情况分类

按空气处理的要求分为：冷、热风机，除湿机，恒温恒湿机；按空气处理设备集中程度分为：集中式空调系统、半集中式空调系统、分散式空调系统；按输送工作介质分为：全空气式空调系统、全水式空调系统、空气 – 水式空调系统、制冷剂式空调系统；按集中系统处理空气的来源分为：封闭式系统、直流式系统、混合式系统；按服务对象的不同可分为工艺性空调和舒适性空调。

二、商用中央空调设计管理

（一）设计前的准备工作

（1）首先，明确是新建筑还是旧建筑新增项目；目的是单一制冷还是冷暖两用，以及有无新风系统的要求；熟悉有关设计规范和技术标准；了解工程项目情况，收集相关资料；了解项目所在地的电力热力供应及水文地质情况；了解当地的常用做法和常用设备；熟悉适合本项目的各种空调系统；确定设计方案前，设计单位和建设单位应充分沟通，也可以聘请行业专家对项目方案进行论证。

（2）起草设计任务书。设计任务书是工程项目的纲领性文件，包括项目概况介绍、明确当地的气候条件、准备采用何种中央空调系统方案、冷热源机组类型的选择、空气处理设备的选择等。

比如，允许打井的地方，可以考虑地源热泵；靠近湖海的地方，可以考虑水源热泵，只要有摆放机组位置的都可以使用空气源热泵，有热源的地方可以考虑溴化锂机组等。

（二）设计中关键设备的选择原则

（1）中央空调系统的设计包含两大部分：第一，暖通部分设计，包括冷热负荷计算、制冷热机（组）的选择、空调管路分布设计、管路材质及型号的选择、空气处理设备的选择等；第二，空调电气系统及控制设计，包括智能集中控制系统、进户电力电缆的选择、各类控制柜的选择、桥架的铺设、各层强电弱电线路的布置、控制面板的安装等。如果是旧建筑物的改造，还要包括结构设计，即进行机组设备基础的设计。

（2）冷热机组类型的选择：对于新建建筑物而言，建筑物越大，则首先考虑水冷机组，建筑物越小，则最好选用风冷机组。风冷机组，优点是省去机房面积，安装方便。水冷机组，可以选用水源或地源热泵系统，冷热两用。旧建筑的改造设计，需要与建筑和结构协调，考虑采用风冷机组比较方便。当地电力紧张、地下水源紧缺时，可以考虑溴化锂吸收式机组。

三、商用中央空调施工管理

（一）暖通工程施工现状分析

对于暖通工程施工，施工单位都是通过投标、中标来拿到工程的，但在中标后，有的又不很重视，把整个工程又分为若干个小工程承包给不同的小型施工单位。例如，中央机组一家、输送管道一家、室内机安装一家、保温施工的一家、电路的一家等，这就导致整个施工过程中都较为零散，相互之间没有协作和配合的意识，很难实现对施工质量进行整体控制，这就导致施工中存在较多的安全隐患。同时，不同的工序由于是不同施工企业来完成的，所以给后期的维修工作带来了较大的麻烦，即使维修也达不到事半功倍的效果。所以，暖通工程必须从强化管理入手，积极发挥监理公司的作用，从宏观上控制，制定规章制度，严把施工质量关等，从各个方面来保证暖通工程的工程质量。

（二）暖通工程施工需要加强管理

首先，要建立健全现场领导班子，包括业主领导班子和施工单位领导班子。有的施工单位为了减少开支，现场领导班子薄弱，人员配备不齐，造成现场管理混乱，无序施工，头找不到兵，兵找不到头，项目经理不能发挥领头人的作用，陷于事务性的杂碎工作中，不能很好地抓技术、抓管理、抓质量。其次，要明确管理人员的各自分工，既相互独立又相互配合，不能眉毛胡子一把抓，出现都管都不管的现象。

（三）监理公司要全面负责

监理公司必须担负起项目的各项监理工作。相比而言，监理公司的技术人员经验比较丰富、技术比较熟练，从材料进场把关、工期控制、每个工序的验收签字、隐蔽工程验收记录、施工方面的资料收集和整理、召集各方工作协调会、代表业主行使各项管理权限等各个方面都能够发挥着至关重要的作用。监理工作的是否到位还直接影响着施工现场的安全。

    建筑工程中央空调项目有工程量大、牵扯面广、质量控制点多的特点，施工过程中又不可避免地与建筑、结构、装修、给排水、电气等其他专业相互影响，因此，要做好中央空调工程的项目管理，首先，要从了解中央空调的基本知识入手，加强设计、施工方面的管理。

第十章 空调安全设计

现如今科技的迅速发展给人们的生活带来了极大便利，人们在选择空调类型时，为了满足环保与社会的需要，大多数人都会将暖通空调作为首要选择。正是暖通空调系统在控制空气和提高室内舒适度的优点，使得现在的暖通空调行业之间的竞争逐渐加剧。暖通空调的发展不仅深受广大群众的认可，而且引起了社会各界对空调施工安全性能的重视，因为在实际安装过程中，需要对暖通空调系统采取科学的安装方式，只有这样才能保障系统的正常运行，加大对施工安全细节的掌控，从而最大限度地提高暖通空调安装的有效性。

一、暖通空调系统概述

暖通空调系统具备良好的取暖、通风以及换气的优势，在一定的条件下，暖通空调可以在维持周围温度恒定的基础上，有效地提高室内环境的空气质量问题，对人们的身体健康发展提供有利条件，与传统的空调系统相比，暖通空调系统更能为居民提供一个良好舒适的居住环境，在获得人们对其的满意度之后，还要加大对相关系统的完善和更新，从而更好地满足人们的社会生活需求。

二、暖通空调系统施工过程中存在的问题

（一）管线标高、定位交叉严重

目前已经得到广泛应用的暖通空调设备，其安装过程属于一个比较大的工程项目，由于安装过程中所涉及的细节非常多，任何一个小的细节都会导致空调设备出现安全威胁，影响整体系统的正常运转。整个暖通空调的安装大致是由几个管道网络共同组合而成的，分别是冷凝水管、排风管以及末端设备等多种管道。在现在科学技术不断发展的条件下，暖通空调工程图设计运用的主要是 CAD，但是在绘制工程图之前还需要合理规划好设备和管道的标高，只有适当的标高数据才能保证设计图纸的科学性和有效性，但是在一般的安装过程中，会忽视对相关设备的细致检查，所以就容易出现数据和实物不匹配的现象。如

果再出现一些定位交叉严重的问题，就会直接影响到系统的正常施工进度，妨碍空调系统的正常安全运行，对整个安装工程产生严重的影响。这样不仅会降低暖通空调企业的利益，还会对使用者造成一定的安全隐患，所以，在实际施工过程中，一定要注重管线标高、交叉严重等施工问题的研究和解决措施。

（二）暖通空调设备容易造成噪声超标的现象

在对暖通空调设备进行安装，除了要注意管线标高、交叉严重问题之外，还要注意设备噪音超标的问题。近些年经过我国专业人士的研究和探究，我国的风机盘管技术逐渐完善成熟，但是在实际运用中还是不可避免地会存在质量问题。对于现在的设备生产商来说，降低噪音超标的问题已经是非常简单的事情，只需在设备生产过程中注意参数的取值，保证在正常标准范围之内，并且为了保证产品的最终质量，还要对相关参数进行不断试验，从而确保发出的噪声在人们可以接受的范围之内。

三、暖通空调系统施工过程中存在问题的解决措施

（一）对管线进行合理规划，并对材料质量问题进行严格把控

上述暖通空调安装会出现的一些具体问题，对于这些问题一定要进行深入研究，制定出高效的解决方案来应对施工中的问题。只有将可能出现的问题得到及时解决，才能够更好地促进暖通空调设备的正常运行。首先，就是要对管线实行合理的规划，在此基础上，严格把控材料的质量问题。如果想要达到对复杂工程的科学管理布局的目标，就需要将工程中各种管线工程进行合理布局和规划，但是对于管道内的多功能设备，只能进行整体管控，但是经过科学布局规划后，可以真正做到整个布局的有效管理。除此之外，在对材料的选择上也要提高采购人员的注意力，一定要结合多方面的因素对材料进行选择，不仅需要选择高质量的原材料，还要能够符合工程的具体标准，从而尽可能地做到暖通空调行业利益的最大化。选择材料的质量关乎整体施工的水平高低，而材料的合理使用对整体施工过程也同样重要。在对暖通空调设备进行实际生产中一定要使用充足的原材料，不能为了一时之利而做出影响产品质量问题的行为。

（二）降低在暖通空调安装过程中的噪音

在暖通空调设备安装过程中对控制噪声的措施来说，主要是控制暖通空调设备在具体设计的噪音参数。在对暖通空调进行实际生产时，需要将噪音参数设置到标准范围之内，只有确保噪音的参数值，才会在之后的实际应用中，不会出现干扰人们正常听力的噪声超标的现象。在空调设备的实际安装中，安装质量的好坏不仅取决于材料的质量，还会受到外部因素的干扰，进而导致空调设备噪声超标的情况。对于这种情况的发生，需要通过对

设备的及时更换和调整来改变这种噪声超标状况的发生。只有这样才能尽可能大地减少噪声给使用者带来的生活不便。在对暖通空调的应用过程中，出现地噪声超标会对人们的正常生活带来极大的影响，不仅会影响到日常的工作和学习，对人们的听力安全也是一种挑战。众所周知，在长时间高强度的噪声情况下，会对人体的听觉系统造成伤害，因此，为了确保暖通空调设备的安全性能，要加大对设备的及时修整和更换。不仅如此，为了能够有效降低设备噪声超标的可能性，还要提高对噪声参数的关注度，只有相关人员提升对噪声参数的要求，并且对当前的空调设备布局进行合理规划，增强设备消音装备的安装。暖通空调使用者一旦发现设备噪声超标，一定要积极地联系相关部门，并在相关应对措施的配合下，对噪声超标问题进行及时解决。如果设备生产商在前期的噪声测试阶段出现噪声超标问题，就需要在实际安装中加强对消音设备的处理，通过这样的方式，能够有效解决暖通空调系统中的噪声超标问题。

总之，由于暖通空调在实际施工安装过程中步骤比较复杂，所以在安装时会存在许多不定因素，但是这些问题很容易影响到整个空调系统的质量。所以，要加大对施工安全问题的研究，并积极制定有效的解决措施，才能够保证空调的高效性。除此之外，在施工之前还要加大对设计图纸的整理和分析，以便在后续工作中做好安装的监督和管理，在成功安装之后还要及时对设备进行维修和保养，从而保证空调施工的安全性，为人们的正常生活提供必要保障。

第二节　家用空调电气安全设计

家用空调的电气安全问题一直是影响家用空调使用安全的主要因素。产品的设计和结构必须能够保证在正常情况下它们能正常工作，而且对使用者和周围环境不产生潜在或真实的危害。即使在人们使用不小心的情况下，也不能有危险发生。因此我们在进行家用空调电气安全设计时，必须切实注重设计水平的提升，借助自身的专业技术优势，本着消费者至上的理念，在电气安全设计中，需要融入人性化的理念，才能更好地适应未来发展的需要。

一、加强防触电设计，严格执行设计标准

（一）明确防触电的必要性和防触电目的

在空调设计中，电气安全是最为严格的设计内容，在每个设计环节中，都必须严格按照国家的设计标准做好对其的设计与测试。本节主要是根据 GB4706.1—2005 标准来进行

防触电设计。防触电设计是整个电气安全设计的核心内容，在整个设计中，需要融入人性化的设计理念。而在防触电设计中，在融入人性化设计理念的基础上，需要对防触电设计的目的进行明确。一般而言，触电电流给人的身体机能带来的影响主要取决于电流量和时间与流入人体的路径。人体在受到触电电流时造成的伤害程度分为以下几种：（1）安全区：电流＜0.5mA，人一般没感觉；（2）感知区：感知电流一般在0.5–1mA；（3）不易摆脱区：实验统计男的最大摆脱电流一般在9mA，女的最大摆脱电流一般在6mA，摆脱电流会给人造成呼吸困难、肌肉收缩、心跳混乱等症状；（4）致颤区：电流造成心室纤维性颤动（触电死亡的最主要原因）。致颤电流（致命电流）：在给定条件下，引起心室纤维颤动的最小电流，主要与通电时间有关，另外还有很多其他因素，如交直流、人体状况、年龄、皮肤潮湿程度等。就实际设计来说，带电部件又不可或缺，比如空调内机的显示板板间连线基本绝缘外漏，用户使用时存在触电的风险。再如，空调内机预留给客户的线控功能端子，用户从面板体的敲漏孔容易碰到端子，也可能存在触电的风险。所以防触电设计的目的，就是要从源头上避免存在触电安全隐患，确保用户的安全使用。

（二）结合带电原因，切实强化对其的预防设计

在明确防触电设计目的的基础上，还要根据带电的原因，注重防触电设计，避免对安全用电带来影响。比如柜内机步进电机的金属外壳，用户容易通过风页触碰到，在设计中需要在步进电机外壳做好保护盖的设置，这样就能确保其正常运行的同时不会发生触电的危害。空调外壳必须要满足电气安全使用需求，同时保护盖的机械强度必须达标。对于保护盖采用金属材料制作而成的情况，还要避免防护盖和带电端子之间存在电气间隙以及爬电距离上满足电气安全的需求。同时保护盖的接线开孔也要严格控制，预防在试验中出现触及带电端子的情况。此外，还要对带电部件作为绝缘结构的设置。在具体的设置中，由于危险带电部件和可触及部件之间设置的绝缘层存在被击穿的可能，所以必须确保绝缘件的电气间隙与爬电距离达标，并且在承受内部电压的同时，还要能承受来自电网电源和通信传输网带来的瞬态冲击电压，严禁出现击穿的情况。因此，绝缘结构必须满足电气间隙与爬电距离的要求。

（三）切实强化保护接地设计，确保电气的使用安全

接地设计主要是为了避免导体电流的保护接地不会出现连接失效的问题，需要确保其采用的连接方式与端子结构的可靠性。这就需要在做好基本绝缘的基础上，切实强化对其的安全设计，在保护接地上必须要具有可靠性。在空调外机中为了避免外壳意外带电造成触电危险，外壳钣金件会与有地线连接的钣金件有有效的连接：（1）钣金件电器盒盖与电器盒固定时会使用2颗不带垫片螺钉固定，使电器盒盖与电器盒有有效的接地连接，避

免外力使顶盖变形触碰到电器盒盖存在触电的风险；（2）电器盒与右侧板使用2颗刮漆螺钉固定，使右侧板与电器盒有有效的接地连接；（3）面板与电机支架使用2颗刮漆螺钉固定，使面板与电机支架有有效的接地连接。

二、切实强化防火设计，提升空调电气的安全性能

在做好防触电、接地设计的同时，防火设计也是主要的内容，对于促进空调电气安全性能的提升也有着较强的作用。所以我们必须切实强化家用空调的防火设计。这主要是因为空调在实际运行时，可能由于电气短路和过载而出现非正常的运行，进而使得机体发热导致出现火灾的危险。所以在进行防火设计中，必须切实加强球压试验和耐漏电起痕试验以及灼热丝试验等方面的工作，并且在电器盒中的非金属类部件必须为阻燃材料制作而成的。此外，为了提升空调的电气安全性能，在实际设计中，还要结合实际需求，针对性对防火设计进行优化。比如有的用户在使用环境和使用需求上较为特殊，如不能设置屏蔽盖，那么在实际过程中，电器盒的阻燃材料须使用5VA材料。做盐水灼烧实验时，在主板的零火端子上开槽，使主板燃烧时零火端子易被烧断，避免因大电流连续打火造成机子被烧穿引起火灾。内外机的接线板替换成耐高温不易燃烧的密胺材料的接线板。在非金属材料表面粘贴铝箔纸，增强防火功能。由于连接在压缩机接线端子的压缩机线路所处的环境温度很高，且经过大电流，所以压缩机线必须使用高温线材。

综上所述，在家用空调电气安全设计中，需要我们严格按照设计标准强化对其的设计，对每个模块、每个环节的设计都要进行检验和检查，本着为消费者安全负责的态度，才能在未来的发展道路上走得更远。此外，未来还要加强对自身专业技术的改进，注重工作实践经验的总结，在电气安全设计中逐步加强大数据、云计算、物联网等现代技术的应用，才能更好地彰显产品的时代魅力和活力，实现企业的可持续发展。

第三节　危险区域空调系统的安全性

一、危险区域空调存在的必要性

空调是日常生活中经常见到的设备，其应用领域不仅限于家庭，也在医院等公共场所以及工业生产中使用。对于这些场所，空调是满足一些产品生产时的必要条件。有些行业对于生产活动所处的环境有着特殊的要求，如医院的手术室、传染病医院的病房、生物实验室、电子防爆生产车间等，均需满足特定的空气洁净条件，这也是保证产品（事项）在生产过程中所处的生产环境稳定性与可靠性的基本要求。同时，对于有些对空气清洁度有

较高要求且有毒有害产生的化工车间、传染病医院的病房、生物实验室等，既要保证生产出的产品质量符合预期目标，又要防止有害物外溢，保证系统安全可靠的运行，尤其应该注意洁净区的干扰因素，如常见的病菌、尘埃污染以及热湿等因素的干扰。虽然彻底消除这些干扰因素较为困难，但仍能通过负压来降低污染物给洁净区带来的影响。除了保证生产外，还需要防止爆炸、危险物外溢等引起的安全事故或其他意外事故的发生。通常所采用的方法是在生产的各个区域内输入经过处理的空气，这样就能尽量将污染因素对洁净区带来的影响降到最低，无论是有害气体还是气态污染物，都能通过这种方式将其排除，并保证洁净区的洁净度。要想实现这一目标，就要对危险区域空调的设计进行深入分析，结合危险区域的实际条件，采取科学合理的系统设计，有效地调配各区域内的系统配置和控制，只有这样才能保证在实际生产过程中各系统按照设计的要求均处于需求范围内，从而保证各系统的效率与质量，以及安全不会受到影响。

二、危险区域洁净空调的区分及分类

对于危险区域来说，不同类型的建筑功能要求各不相同，其对空调的要求也不尽相同。对于呼吸道传染病医院来说，一般医医疗是按照污染区、半污染区、洁净区划分。对于电子厂的洁净防爆车间，一般按照防爆区和非防爆区划分。

洁净区按照实际用途可以将其分为生物洁净区以及电子洁净区，若是将气流组织作为分类的基础条件，又可以将其分为辐射流洁净区、混合流洁净区、单向流洁净区以及非单向流洁净区等。要想设计出科学且合理的暖通空调，就要充分了解甲类厂房洁净区的分类以保证最终的空调设计效果符合实际的洁净区类型需求。

（一）工业洁净区

无生命微粒为工业洁净区的基本控制对象，其针对的产品生产类型一般都是用于精密工业的一些高精度仪器仪表、航天工业、电子工业以及电子产品组装等。由于这些产品多数要求精密化，同时由于组装零部件具有微型以及复杂化的特点，使得各类产品对产品生产环境的要求极高。例如，智能手机、电脑等都对生产过程所处的环境有严格要求，尤其是集成电路的生产过程，对环境的要求更为苛刻。根据对应的产品种类的不同，对应的洁净区、空气洁净度的等级也各不相同。因此，在对这些区域进行针对性的暖通空调设计时，就要充分考虑产品生产的实际情况，以保证最终设计出的暖通空调符合该区域的生产环境要求，包括温度、湿度等都要符合产品的生产特点，最大限度地提升产品的生产质量，提高成品率，这也是最大限度地降低产品生产成本的基础因素。

（二）生物洁净区

通常情况下微生物以及无生命的悬浮颗粒是生命洁净区控制针对的主要对象，按照使用类型的不同，又可以将其分为生物安全学洁净区与一般生物洁净区。药品以及一些特殊的生物制品生产所需要用到的是一般生物洁净区，另外一些有特殊生产要求的化妆品以及保健品等同样需要一般生物洁净区域的共同辅助；生物学安全洁净区针对的主要是生物制品以及部分药品，其中生物制品的生产主要涉及疫苗生产以及基因重组相关产品的研究等。一般生物洁净区的内部通常保持正压，而生物安全与洁净区内部通常保持负压。

影响最终产品质量的不仅是药品中的污染物质，同时也包括悬浮微粒以及微生物。这里所说的微生物通常是指细菌以及真菌，虽然大多数的微生物对人体并没有较大的危害，但由于微生物的特殊生存特点，使得其对于生产出的药物产品的危害甚至比微粒的危害更强。受微生物影响的药品一旦进入人体内，将极大地影响人们的生命健康安全。正是由于这一特点，使得其所对应的洁净区要求与其他甲类厂房不同，在对该区域进行暖通空调设计时，应重点将空气洁净度的等级与药品生产质量管理规范相联系，以保证最终的产品生产洁净区域符合产品的生产条件，将各个不确定因素对于产品的影响降到最低。

三、现有危险区域空调系统的常见问题

在现有危险区域空调运行过程中，做法基本是与普通空调系统差不多，只是将污染区设计成负压，洁净区采用正压，经常互相连锁，保证系统有效运行。这种做法看似没有问题，但实际运行中经常会出现意想不到的问题，甚至导致系统全面瘫痪。

（一）系统失灵

空调设施一般是按照常态情况兼顾短时非常态运行来设计的，但对于危险区域来说，需要系统运行的高可靠性，而原系统设置的条件发生变化时，往往会造成系统运行的失灵或不那么可靠。出现这种问题基本上是由于设计人员经验不周或缺乏调查、设计考虑不周造成的。

（二）设计指标达不到要求

空调系统设计和施工仅靠理论计算是无法达到预期的，对于危险区域系统尤为如此。由于很多空调设计人员接触类似工程比较少，仅靠规范设计，经验缺乏，难免出现左出右突的问题。

（三）系统设计和施工太复杂，运行保障困难

由于这种场合本来要求严格，对可靠性要求又高，设计单位为了保证系统运行可靠，往往会大量采用比较复杂的自控系统，造成系统一旦有故障，操作人员无法及时保障，往

往造成系统运行瘫痪。

四、危险区域空调设计和施工问题的解决方法

针对上面经常遇到的问题，笔者结合所做类似工程的经验，通过分析研究，提出自己了一些见解和解决问题的方法。

（1）从理论上理清每个项目的功能和危险程度，这是决定系统是否成功的关键。功能不同，采取方式方法也会有区别，如电子厂防爆车间的空调与呼吸道传染病医院的空调的需求有显著差别。对于电子厂防爆车间来说，除需保证车间的温湿度以及洁净度外，还需确保车间的危害物质浓度降至满足防爆要求，同时排出的废气处理要相对简单，当浓度较低时甚至可以对空直排，其控制要求可以简化。对于呼吸道传染病医院，其要求系统区域分流和负压运行就非常高，对于不同区域的压差有严格的要求，对于外排的空气必须经过杀毒后方可排放，系统的可靠性要求也高很多。

（2）做好气流组织是空调设计施工的核心，特别是危险区更应如此。针对呼吸道传染病医院来说，采用"三区两通道"的做法，即污染区、半污染区、洁净区，医务人员通道、病人通道。对于电子防爆车间，采用设置"高洁净度空气幕通道"的做法。不同的分区采用不同的系统，单独分设，互不干扰，确保系统的可靠性及运行的稳定性。

（3）采用成熟的技术，保证系统运行的可靠性，降低系统的运行成本和可维护性。对于系统设置采用单系统控制，不能把一个系统的参数作为另外一个系统的运行指令，保证各系统可以互不干扰。这样即便其中一个系统出现故障，其他系统也可以独立运行，进而保证系统的可靠性。其关键系统如正压送风系统、负压排风系统，都是非常重要的部位，风机需要采用一用一备，同时采用备用电源及不间断电源。空调的中央控制系统采用 PLC 控制比较稳定，远距离信号采集采用光纤接入，减少干扰。信号采集采用不同的方式，能够相互验证，确保双保险。

（4）正确选取及设置系统的控制逻辑及相关参数。对于高度精密要求的空调系统来说，其系统控制的选取是非常关键的，既要便于操作管理，又要有利于系统运行和维护，同时也要考虑意外状况的应急处理。对于强正压区以及强负压区的送风系统和排风系统，采用分别单独设置，使这两个系统不存在逻辑关系，确保任何一个系统有问题时，另一个系统都可以正常运行。其控制逻辑设置及参数取样点确保互不干扰，送、排风机系统采用变频，通过房间的压差计控制，为了避免误读，同时选用电子和机械仪表同时使用，互为检验。

（5）对于不同功能的系统，应该分开设置，如为了保证系统正压的全新风系统或为了保证系统负压的排风系统，往往两个系统是互相关联的，但两者在系统控制设置中是分

开的，同房间温湿度以及洁净度等控制的系统也要分开运行，这样可以保证各系统全负荷运行，互不干扰，可以使各系统运行平稳。在某电子化工厂的甲类防爆车间，是个千级洁净恒温恒湿车间，但由于生产过程中使用甲类物料，当浓度达到一定数值时，生产线自动打开排气系统，就会打破系统的平衡，一直以来运行不平稳。为此，增加全新风洁净空气通道，通过通道的压差确保房间外围处于高洁净度的正压，维持生产车间的洁净度不会因负压串风不达标，改造原有空调系统空气处理的设置，通过车间的温湿度计控制保证车间的温湿度、洁净度。这样既可以保证防爆车间负压运行，又可以使电子车间高洁净度、恒温恒湿得到保证。由于系统分置，可以实现多系统互不干扰，也有利于变频控制，节能降效，从而实现多方共赢。

危险区域的洁净区空调系统需要考虑的因素有很多，不仅要保证空调设置满足该区域内的各种需求条件，还应重点关注空调的应用确保区域使用的安全，保证空调设置的科学性与合理性，这是降低事故发生概率的重要基础。

第四节　家用空调电气安全设计评价

随着人们生活水平的提高，空调在生活中的应用越来越广泛，已经成为不可或缺的重要家用电器设备。空调的种类多，功能多样，市场竞争激烈。但是，空调要想获得用户的认可，安全问题是前提和基础。做好电气安全设计是保证空调安全的重要环节，要引起我们的足够重视。

一、电气安全问题

电气安全是空调产品最重要的设计要求之一，国家有严格的标准。公司还为空调生产过程制定相关标准，以确定空调是否满足电气安全要求。空调产品的电气安全是空调设计中的重中之重，因为空调的质量与用户安全和财产安全有关。

（一）电气安全方面易出现的问题

产品安全性能在很大程度上取决于初始设计。空调电气安全问题不仅包括由于主观原因引起的明显问题，还包括由于客观原因潜在的问题。主观原因是存在主要设计漏洞。例如，空调部件的气密性差。当点燃用于空调的电箱的内部时，点燃火焰，因整机燃烧而引起电气安全问题。主要原因是在使用过程中未考虑某些空调组件。客观原因主要是由于没有考虑空调在使用过程中存在的一些潜在隐患，如空调钣金件和电源线接触面没有翻边，电源线长时间与钣金件摩擦断裂或漏电产生的电器安全问题。

（二）应注意的事项及应对策略

在空调的初始设计过程中，设计人员不仅必须考虑组件处理和组装问题，还必须考虑在设计过程中容易发生的一些电气安全问题。但是，由于电气设计人员和结构设计人员的工作分开，因此结构设计人员很少考虑使用空调时发生的漏电、着火和机械安全等问题。实际上，电气安全不仅仅是电气设计师的问题，有些问题完全取决于结构工程师的设计。在大多数情况下，电气人员将帮助结构工程师查找和指导问题，因此他们通常会更多地了解电气产品的安全性，减少空调中的电气安全漏洞，并防止发生电气安全问题。因此，电气设计师在进行结构设计之前，要给予电气设计的相关指导，对空调的线路设计等相关问题，进行把关，防止出现后期空调使用的问题。

二、防触电保护

（一）防电击保护

电击电流对人体生理的影响可能取决于电流量、时间和通过人体的途径。超过 10mA 的电流会影响健康，更高的电流会导致灼伤和心室纤颤等伤害。带电部件是指在正常使用期间要通电的电线或导电部件，传统上包括中性线，但不包括 PEN 线。I 类设备的防护措施：防止故障的第一项措施是带电部件的基本绝缘，其次是安全接地。I 类设备的安全接地设计非常重要。I 类设备可以包括 II 类组件，但是无论系统如何配置，所有 I 类设备都必须可靠接地。II 类设备的措施：在危险带电部件和易触及部件之间使用加强绝缘或双重绝缘。在双重绝缘的情况下，第一保护线是带电部件的基本绝缘，第二保护线是附加绝缘。在加强绝缘的情况下，它等效于两条保护线，因为就触电保护而言，它具有与双重绝缘相同的水平。设计师需要注意设计，由于采取了额外的保护措施，绝缘无法降低基本绝缘要求。

（二）接地要求检查

接地包括防静电接地、屏蔽接地、雷电接地和工作接地，GB4706.1—2005 中提到的接地主要是保护性接地。接地保护的有效性取决于三个因素：①可触及的金属零件与设备的保护性接地端子之间的电阻必须低。②由电气设备的保护性接地端子和电源系统形成的电路电阻必须低。③电源系统必须有过电流保护装置，其工作时间必须符合 GB4706.1 的规定。设备接地部分的基本要求是：设备的可触及金属部分和设备的接地端子必须正确连接，并且连接电阻必须小于或等于 0.1Ω。接地端子（接地设备）必须满足固定设备的标准要求。连接到电源系统时，接地螺纹要满足 1.2Nm 力矩松紧 5 次试验，保证牢固可靠。

（三）爬电距离、电气间隙和绝缘厚度检查

爬电距离、电气间隙和绝缘厚度在电气产品的安全性中起着非常重要的作用。如果爬电距离、电气间隙和绝缘厚度尺寸过小，则设备的带电部件与外壳之间很容易发生短路，从而使外壳带电并危及人身安全。适当增加凸台或开槽都是增大电气间隙、爬电距离的有效方法。附加绝缘和加强绝缘必须足够厚或具有足够的层数，以承受使用设备时可能发生的电应力。绝缘层的最小厚度为 1 毫米的附加绝缘层和 2 毫米的增强绝缘层。附加绝缘层应至少由两层材料组成，增强绝缘层应至少有三层。

（四）防触电结构检查

粗略地说，防震保护包括直接和间接保护。直接保护所采取的措施包括在人与被充电物体之间保持足够的距离或设置必要的绝缘措施，但是间接接触保护的基本措施是：发生故障时，保护设备可以在短时间内自动关闭电源，或者将电气外壳电压限制在 50V 以下。防止家庭和类似设备遭受电击包括三个主要方面：①防止接触带电部件。②防止与基本绝缘隔开的 II 类电气设备或 II 类结构电气设备的金属零件接触。③电击保护，用于受阻抗保护的电气产品。

检查程序：确定设备的触电保护类型，进行检查并确定结果。绝缘结构检查：主要检查绝缘是否符合 II 类或 II 类器具的双重绝缘或加强绝缘要求。同时，所使用的测试指标不能触摸仅由基本绝缘层隔开的金属部件。基本原则是 II 类电器可以使用 II 类构造，即加强绝缘和附加绝缘，尤其是用户操作的电气组件，但是 0 类构造不允许在电器中使用。可触及的金属零件仅取决于基本绝缘。没有接地措施的保护；II 类设备中不允许使用 I 类设备。如果设备具有双重绝缘或加强绝缘，并且易触及的金属部件也已接地，则应将其分类为 I 类设备，而不是 II 类设备。

空调的电气安全审查在整个开发过程中非常重要，因为电气产品的设计是否安全直接关系着用户生命的安全。设计人员要在规范的指导下，做好电气安全设计工作，保证空调电气的安全。

第五节　房间空调器用制冷剂安全要求

制冷剂类型主要有三种，每种类型又分为多种形式，且都有各自的优缺点，相关人员要在安全要求的基础上，选择功能性最强的制冷剂，如此空调功能才能得到完全发挥。在制冷剂安全要求方面，相关人员还要分析制冷剂的风险，以准确分类安全制冷剂。本节主要针对房间空调器用制冷剂安全要求进行分析。

一、制冷剂标准规定

（一）标准概要

标准号为 GB/T 7725—2004 的空调调节器标准问世于 1986 年，发布日期在 2004 年，该标准对房间空气调节器的内涵以及型号等进行了阐述，规定了相关的技术要求，还明确了空调相关试验的试验步骤及规则等。该标准不仅可以应用在冷凝器上，还适用于空调机组中的电动机或压缩机。该标准是在标准号为 GB/T 7725—1996 标准的基础上提出来的，采标参考为 ISO 5151：1994，NEQ。GB/T 7725—2004 标准规定了房间空调器机械强度，以保证空调器应用过程安全，基于此，空调器中的制冷剂应用也应符合 ISO 5151 规定的安全要求。在空调器制作设计中，经常会将该标准作为安全要求参考，企业对制冷剂进行了分类，相关人员还要根据相关的安全分类依据，确定制冷剂设计依据。相关标准还对制冷剂的安全要求进行了明确，既不能对人身造成伤害，也不能破坏环境。在制定该标准的同时，相关部门还应发布相关的配套标准，使制冷剂应用设计更加规范。

（二）制冷剂分类

GB/T 7725—2004 标准在对制冷剂安全性进行规定时，还应参考国际标准规定。在安全方面，制冷剂可用燃烧特性或毒性作为安全判断指标，在判断过程中，这两个指标缺一不可。不可燃或无火焰蔓延的制冷剂如果毒性较低，则归为 A1 类，这种制冷剂的安全系数相对来说较高，如果毒性较高，则归为 B1 类。具有燃烧性能的制冷剂如果处于低毒状态，则归为 A2 类，高毒则归为 B2 类，这种制冷剂的安全系数有所降低。如果制冷剂具有爆炸性，低毒状态则为 A3 类，高毒性则为 B3 类，这种制冷剂的安全系数最低，现已禁止使用。在空调器中，一般会选择 A1 类制冷剂。在确定制冷剂后，还要对其毒性浓度进行规定，如当其体积浓度小于 0.04% 时，这种制冷剂便不会对人或环境造成损害。这些不同类别的制冷剂分属的安全等级也不同，主要分为三组。第一组主要包括 A1 类，第三组主要包括 A3、B3 类，其余类则属于第二组。A1 类制冷剂属于不易燃、无毒害类型。这些制冷剂在不同的蒸汽浓度下可燃性不同，其中有些制冷剂在任何蒸汽浓度下都无法保持燃烧性质，这种制冷剂是空调器的最佳选择。

（三）使用限制

制冷剂主要依托于制冷系统，在对其安全性进行设计时，相关人员还应结合空调系统的功能要求、使用环境以及系统要求等，以保证制冷系统的制冷效果和应用过程的安全可靠性。空调系统中的制冷系统为直接系统，系统中的制冷剂会受到系统限制，也会受到空调器功能标准限制。这些限制内容有很多，包括第一组制冷剂使用场合的规定限制等。

（四）房间空调器用制冷剂

GB/T 7725—2004 标准规定下的空调器应用的制冷剂安全系数应最大，第一组的制冷剂在任何蒸汽浓度下都不会发生燃烧，且其本身没有毒性，所以其在空调装置中的应用较广泛。选择制冷剂后，还要对空调装置的应用环境进行确定，使其远离腐蚀性气体，其周围也不能出现任何易燃烧、易爆炸的物品。

（五）A1 类制冷剂的应用

空调器用制冷剂安全系数最大，空调装置在安全保护方面的压力也会减轻许多，相关的安防措施能被有效简化和优化，设计人员经常利用这一点，完成空调器结构及制冷系统设计工作。A1 类制冷剂作为最佳选择，其在应用时，不同应用条件，应用要求也不同。其一，无毒制冷剂剂量增大，可能会对人体造成伤害，相关人员还要控制空调器中的制冷剂注射量，保证制冷剂应用中不会造成人体窒息。注入量较少的空调器不会受应用环境的限制。其二，选择的 A1 类制冷剂在应用中，不会造成爆炸性危险，所以空调内部结构形式设置并没有限制，相关规定没有对其密封性做出严格标准。因此，设计时可以设计密封结构，来提升空调质量。其三，空调装置连接的电气系统不需要采取防爆举措。其四，这种制冷剂对制冷系统结构要求不高，所以可使配置简单化。

二、可燃制冷剂的风险及安全要求

（一）可燃组分

在 GB/T 7725—2004 标准下，相关人员要强化制冷剂应用的安全性，只能将 A1 类制冷剂作为安全研究对象。这种制冷剂不可燃，可燃的是 A2 和 A3 类制冷剂，这种制冷剂也会被应用在空调器中，但不会单独使用，这种可燃与不可燃制冷剂混合后的制冷剂性质更复杂，危险性也更高，为了避免爆炸，相关人员还要对其性质和性能进行研究。在研究时，可以将其看作是加了可燃制冷成分的 A1 制冷剂，充满杂质的 A1 制冷剂是否可燃，这是不确定的。在安全要求下，相关人员在使用这种制冷剂时，还要控制杂质含量，使 A1 制冷剂中的不可燃特性占据比例大些，如此即使泄漏，爆炸风险也会降低许多。在可燃性制冷剂安全性研究中，相关人员要着重研究泄漏的可燃组分，降低其风险。

（二）应用意义

虽然 A1 类制冷剂是空调器设计人员的主要选择，但相关标准也没有限制 A2 或 A3 类制冷剂的应用，后两者虽然能提高系统运行效率，但也会带来很多风险，相关人员要做的是如何扬长避短，使后两种制冷剂在空调器中的应用可行性增大。在环境安全以及人身安全方面，相关人员要根据空调器组的使用环境，确定制冷剂类型，可燃性制冷剂对人体有害，但对环境的损害程度较小，如果应用在房间中，相关人员还要考虑如何减小其对人体的伤害，使环境与人体安全同时得到保证。设计人员在安全设计可燃制冷剂时，还应主动避开这种制冷剂应用中的安全风险。在安全设计方面，应考虑全面，不论是毒性还是爆炸问题方面，都应得到全面解决。事实证明，目前还不能将 B 类制冷剂应用在房间空调器中。在风险与效率代价方面，可燃制冷具有节能优势，但其也有爆炸燃烧风险，相关人员还要扬长避短，通过提高系统热力效率来节能。

（三）安全性研究

可燃制冷剂即使符合安全要求，其在应用中也可能存在安全性问题。相关人员还要对这些问题进行研究。首先关注制冷剂泄漏问题，泄漏的可燃制冷剂会增加房间安全隐患，当泄漏浓度过高时，可能会发生爆炸事故。在泄漏浓度方面，相关人员要分别研究房间内部的浓度以及空调机组内部的泄漏浓度。如果使用可燃制冷剂，房间内部的相关电气设备以及相关元器件对环境也会提出高要求，这些运行环境的变化可能会导致其运行效率变差。泄漏时间以及泄漏环境或泄漏范围无大小之分，都会造成极大的安全隐患，在安全设计要求下，必须要保证可燃制冷剂应用中的密封性。其次对可燃制冷剂进行安全分类。GB/T 7725—2004 标准对制冷剂安全等级进行了划分，相关人员还要对可燃制冷剂的安全等级进行划分，使可供选择的可燃制冷剂更加明确。

制冷剂的选择与空调器使用性能标准有间接关联，在对制冷剂安全性进行分析时，相关人员还要制定相关的安全标准体系，并确定体系的规定范围，使安全有效的制冷剂被应用在空调器中。一般房间空调器会选择 A1 类，该种类的制冷剂无毒无公害，不会对环境造成威胁，也不会对室内人体健康造成危害。在制冷剂的选择应用中，相关人员还要修订相关技术标准，使更多制冷剂的应用条件充足。

第十一章　空调工程的防火设计

第一节　通风空调中防火排烟阀的设置

一、防火排烟阀的工作原理

防火排烟阀指的是安装在现代建筑的通风空调系统当中的，一种能够阻止火势在风管作用下继续蔓延的工具。适用于排烟系统或者通风空调系统的管道内，在建筑物发生火灾险情的时候，温度熔断器、电信号或手动把阀门关闭，起到防烟、排烟和排火的重要作用。

二、防火阀、排烟阀的基本分类、性能和用途

（一）防火类

防火类的阀门主要分为防火阀、防烟防火阀和防火调节阀。

防火阀是采用70℃温度熔断器自动关闭（防火），可输出联动讯号，主要用于通风空调系统风管内以防止烟火的继续蔓延，需要呈常开状态。

防烟防火阀是靠感烟火灾探测器控制动作，用电讯号通过电磁铁关闭（防烟），还可以用70℃温度熔断器自动关闭（防火），主要用于通风空调系统风管内以防止烟火的继续蔓延，需要呈常开状态。

防火调节阀是70℃时自动关闭，手动复位，0～90无级调节，可以输出关闭电讯号。

（二）防烟类

防烟类的有加压送风口。依靠感烟火灾探测器控制电讯号开启，也可手动（或远距离绳）开启，输出电讯号联动正压送风机开启，当温度达到70℃温度时熔断器重新关闭装置，之后可以依靠手动复位。其主要用于楼梯间的加压送风系统正压送风口，防止外部烟气进入。

（三）排烟类

排烟类的阀门主要分为排烟阀、排烟防火阀、排烟口。

在通风空调系统内部，应当按照国家法律法规的相应要求，设置防火排烟阀。首先，

139

在排风烟机的入口总管处，应当安置与排烟风机相连的、当排烟防火阀关闭时或当温度达到 280℃ 则会自动关闭的防风排烟阀。其次，风管的设置也十分的讲究，风管要穿越空调机房的楼板和隔墙处、穿越防火分区处、穿越火灾危险大的重要房间的楼板和隔墙处。此外，不宜使排烟系统的水平风管穿越防火分区，当情况需要必须穿越防火分区时，应当把温度达到 280℃ 则会自动关闭的排烟防火阀安装在穿越处，在穿越防火分区时也需要将 280℃ 自动关闭的排烟防火阀安装在竖风道和排烟支管的连接处。

排烟防火阀采用电讯号开启或手动开启，输出动作电讯号，用于排烟风机吸入口管道或排烟支管上。当用于排烟风机吸入管道上时，平时为常开状态，当烟气温度大于 280℃ 时熔断器关闭，并联动关闭排烟风机。

排烟阀采用电讯号开启或手动开启，输出开启电讯号联动排烟风机开启，用于排烟系统风管上。

三、通风和空调系统中防火阀的设置分析

（一）防火阀、排烟阀的设置位置

通风、空调气调节系统的风管在下列部位应设置公称动作温度为 70℃ 的防火阀：（1）穿越防火分区处；（2）穿越通风、空气调节机房的房间隔墙和楼板处；（3）穿越重要或火灾危险性大的场所的房间隔墙和楼板处；（4）穿越防火分隔处的变形缝两侧；（5）竖向风管与每层水平风管交接处的水平管段上；（6）公共建筑的浴室、卫生间和厨房的竖向排风管宜在支管上设置公称动作温度为 70℃ 的防火阀。其他易理解对重要或火灾危险性大的场所，条文说明中明确重要的会议室、贵宾休息室、多功能厅为重要的房间，有贵重物品、设备的房间以及易燃物品实验室或易燃物品库房为火灾危险性大的房间。

风管出外墙时遇到下列情况时需设防火阀：（1）风管出外墙，对相邻建筑有火灾影响时；（2）风管出外墙时对本层相邻防火分区有影响时；（3）风管出外墙对上一楼层有火灾影响时；（4）风管出住宅楼外墙对相邻住户有火灾影响时；（5）风管出下沉式广场外墙对防火安全有影响时。

排烟口采用电讯号开启，手动（或远距离缆绳）开启。输出电讯号联动开启排烟风机，排烟口设置 280℃ 时熔断器重新关闭装置，当烟气温度大于 280℃ 时熔断器关闭，不联动关闭排烟风机。排烟口设于排烟房间的顶棚或靠近顶棚的墙面上。

（二）通风空调的防火排烟阀安装

通风空调的防火排烟阀安装应注意以下几点：一要单独设支吊架，靠近防火分隔处，并且距离防火分隔处的距离要小于 20cm，在排风干管上设置常开的排烟防火阀，使各个排风管的支管上，设置常闭的排烟阀或是排烟口。二要将带电信号的防火排烟阀安装在建

筑的穿越防火分区的干管处，或是建筑的重要部位。此外，要将信号接入建筑的消防控制中心。三要采用不易燃的材料来作为防火排烟阀两侧200cm的风管的绝热材料，采用柔性防火材料来对穿越防火分隔处的空隙进行填补封堵。四要在排风机的入口总管和支管处设置，在温度达到280℃时便会自动关闭的防火排烟阀，并且要和排烟的风机相连接。当通风空调的防火排烟阀关闭的时候，风机也会随之停止工作运行。当设置常开型风口时，要把排烟支管上的防火排烟阀设置为常闭的状态。相反地，当设置为常闭的排烟口的时候，要将排烟支管上的防火排烟阀设置为常开的状态。

（三）通风空调的防火排烟阀的设置检修

第一，检查防火排烟阀的易燃片，易燃片的机械强度极低，由片厚度仅仅为1.1cm的紫铜钢板拼接而成。而由于弹簧的拉力有限，在材料运输过程中出现问题，导致易熔片发生断裂，无法正常地使用。

第二，检查防火排烟阀的功能，因为防火排烟阀的产品特殊性，所以要生产防火排烟阀必须要得到当地公安部门的相关证明，并且当地公安部门要对生产出来的产品进行资格审查。施工单位不仅要在产品购买时检查产品的资格审查结果，而且要在产品安装后，仔细检查防火排烟阀的功能是否合格正常。

第三，对防火排烟阀进行联动调试，防火排烟阀是在整个建筑的联动消防控制系统中，有着特殊联动逻辑关系的防火排烟产品。为了它能够在建筑消防系统当中正常发挥自己的作用，检修工人要在通风空调系统完工验收前后，定时对防火排烟阀进行联动的全面系统调试，确保通风空调的防火排烟系统能够达到相应的规定要求，安全正常地工作。

第二节　空调工程设计中的防火防爆方法

据统计，人们70%以上的时间在民用建筑中度过，因此建筑环境与工作和生活息息相关。虽然民用建筑的火灾或爆炸性危险，远远低于工业厂房和仓库等建筑，但是暖通空调设备一旦接触到易燃易爆炸的气体混合物，也会引发严重的安全事故，严重危害居民人身安全。防火防爆是工程设计的关键关节，以往防火防爆方法的重点主要是对材料的功能和构件等要素进行把握，虽然有效防止了火灾爆炸事故的发生，但存在安全稳定性差的问题，因此提出民用建筑暖通空调工程设计中防火防爆方法，具体如下。

一、暖通空调工程设计中防火防爆方法

（一）划分燃烧爆炸性危险区域

在民用建筑暖通空调工程设计中，分析燃烧爆炸性区域是工程正常运行的前提，也是安全施工的重要组成部分。暖通空调工程中的管线设备，不可避免地产生电火花、高温和静电等危险源。因此需要采取有效的防火防爆措施消除危险源，在此过程中需要对燃烧爆炸性危险区域进行划分。

首先，查清燃烧爆炸性物质理化性质，包括引燃温度和爆炸极限点等内容。

其次，在暖通空调正常运行的情况下，确定可能形成危险源的具体位置，计算混合气体流量、速度及浓度，明确扩散和迁移方式。对于混合气体，比空气重的气体扩散能力弱，易沉积；而比空气轻的混合气体则与之相反，不易沉积，可扩展危险区域。

最后，确定混合气体可能泄漏的频率和持续时间，以此衡量危险性。将燃烧爆炸性区域划分为以下分区：0等级区，暖通空调正常运行时，连续或长期出现危险混合气体的区域；1等级区，暖通空调正常运行时，可能出现危险混合气体的区域；2等级区，暖通空调正常运行时，不可能或极少可能出现危险混合气体的区域。危险区划分不仅要考虑燃烧爆炸性混合气体的性质，还应考虑暖通空调的通风状态，确定气体的排放和扩散方式，根据气体存在状态，动态调整危险等级。通风状态良好时，可适应该区域危险等级；反之，通风状态不佳时，提高危险等级。通常情况下，暖通空调设计中，应保证多数设备安装区域属于2等级区，确保低燃烧爆炸风险，避免出现0等级，降低暖通空调的运行危险。

（二）设计空调设备与风管衔接方式

暖通空调工程设计需要出具详细的管线综合图，其中，风管的衔接设计对防火防爆来说至关重要。通过设计风管的位置及走向，避免出现风管与设备构件发生碰撞，提高暖通空调结构的稳定性和安全性。对于风管衔接设计来说，不仅影响风管的净空高度，还影响整个设备的使用功能。首先，确定暖通空调的主风管位置，以此为基础设计各接口的位置和尺寸，确保足够的设备安装空间。其次，确定进风口与回风口的位置，由于风管与设备集中在固定空间，设计不当时出现相互碰撞与不可避免的连接，易形成燃烧爆炸隐患。当进风口与回风口距离较近时，由于风管位置过近造成气流循环效果不好，影响易燃烧爆炸混合气体流通性，导致发生火灾和爆炸事故。此时，还需注意洞口预留位置的合理性，在工程设计开始阶段设置应力墙空洞位置，避免出现面积不够造成的风管布线不合理问题，影响施工进度和使用功能。

传统设计与安装中，通常使用局部调整的方法，处理风管碰撞和交叉问题，缺少对全局的综合考量。一般情况下，只针对管线碰撞，没有将梁架与风管的碰撞问题纳入优化设计中。当暖通空间对净空高度要求较高时，设备与风管的衔接就会出现弊端，不能有效转化实际运行状态，影响使用效率。由于暖通空调末端设备和风管均设置在顶棚空间，便于安装的位置都被其他工程施工的专业管线占据，暖通空调管线通常会被安装在不适宜位置。即使前期设计中对暖通空调管线标高进行合理规划，后期施工中也有可能出现交叉重叠，为工程质量埋下安全隐患。此时需对整体民用建筑的布线和衔接方式进行协调和规划，使标高布线具有实际可操作性，预留位置与建筑有限空间匹配，在确保施工质量的同时，提高整体安全性能。在防火墙等分割处，设置防火阀门，保证水平和垂直方向风管交接处具有防火控制功能。

（三）制定暖通空调工程防火防爆控制方案

采用安装防爆风机的方式，控制民用建筑室内温度场分布，调整空调输出功率，使民用建筑温度变化始终满足使用要求。暖通空调有机械通风和正压通风两种方式，机械通风用于 2 等级区，根据混合气体的密度大小直接将防爆风机安装在通风设备上部或下部；正压通风可防止室外有害、易燃易爆气体或粉尘等进入室内，同时可稀释室内危险气体并排除，从而达到防火防爆的目的，提高防火防爆的安全稳定性。将防爆风机配合普通空调使用，可以集加热、通风与空气调节为一体，将冷暖空调与正压通风功能进行统一。

室外冷空气或热空气经过空调机组的处理，避免冷热岛效应出现，通过调节风口的风阀开关，可对室内新风量和空气压力大小进行调节，以保持夏季凉风、冬季暖风的供应。暖风空调采用压缩制冷原理，低温低压制冷剂在蒸发器中吸收热量，气体蒸发后被压缩成高温高压蒸汽，继续向上传输至冷凝器中，外部防爆风机将室外空气传输至冷凝器，此时制冷剂放出的热量被蒸汽吸收成为液体，随后通过节流阀进入蒸发器。通过上述不断循环的热交换过程，冷空气进入室内空间，室内温度得到调节。暖风空调采用电加热管制热方式，由温度开关和控制器同时进行设定，使温度达到空调设置要求。对于民用建筑的所有房间，冬夏均采用风机盘管与新风系统，末端为双热源温湿平衡室内机，并配置变频室外机，以保证极端天气的室内温度恒定需求。在室内卫生间安装普通排气道，排风机设置静电接地装置，并与消防补风机一同开启和关闭。地下楼层和通道设置机械排烟和补风机，保证补风量超过排风量的一半以上。通过上述暖通空调工程防火防爆控制方案，通过暖通空调体系内各部件调整与协调作用，实现对工程的安全设计，降低运行过程中的火灾和爆炸风险。

（四）设置防排烟机房与防火阀

根据《新建规范》要求，防排烟机房应设置于专用机房内，具有防火功能。排烟补风机房与防烟加压送风机房可兼用，但与排烟机房不可兼用；通风空调机房与防烟加压送风机房可兼用，与排烟机房可兼用，与通风空调机房可兼用。

设置防火阀也是暖通空调系统防火的重要方法，在风管上设置防火阀可以有效地防止火势蔓延，可以防止火势穿越防火区域。根据《新建规》的要求，建筑通风、空调系统中风管应设置公称动作温度为70℃，如排烟补风管上部设置70℃防火阀、排油烟风管上部应设置150℃防火阀。

第三节 通风、空调系统的防火、防烟措施

当建筑物内设有通风、空调系统（以下简称"通风系统"）时，建筑物的火灾危险性就有可能增加。这是因为通风系统有可能成为烟火的发源地，为建筑物内烟火蔓延提供驱动力，成为烟火传播的途径。而且由通风系统风管引起的火灾迅速蔓延造成人员伤亡及财产损失的案例不少，所以许多国家对通风系统的防火十分重视，采取了相应的防火、防烟措施，并制订成规范条文，从而限制烟火在建筑物内通过通风系统蔓延。

一、通风系统潜在的火灾危险性

（一）通风系统的设备可能引起火灾

①空气冷却设备因所使用的电气设备和专用制冷剂引起火灾；

②空气过滤器及除尘器由于排除气流中夹带的粉尘和其他细粒状物质，而存在的潜在火灾危险性；

③风机的电机当温度升高达到冒烟前，如无过热保护装置切断动力可能引起火灾。

（二）风管有可能引起烟火蔓延

①风管、接头及附属材料等如果具有可燃性，一旦点燃有可能引起燃烧蔓延。

②风管穿越具有一定耐火极限的墙、楼板时，其开口部位如处理不当，则会破坏墙、楼板的耐火完整性。建筑物内一旦着火，可能导致火、烟气的蔓延。

③由于热传导及热辐射的作用，含有火、热烟气的风管有可能点燃周围的可燃物，引起烟火蔓延。

（三）系统的室外空气入口的位置不当导致火灾蔓延

如果系统的室外空气入口的位置选择不当，在建筑物外面产生的火焰、易燃气体或烟气，有可能从这些入口吸入，扩散并遍及整个建筑物。

二、通风系统防火、防烟的基本思路

通风系统防火、防烟的方法因系统类型、建筑物形式和建筑物内人员情况等的不同而有所区别。一般来说，可从两方面考虑限制烟火的蔓延：

（一）系统本身

①使系统的设备（如风机、空气冷却和加热设备、空气除尘器和滤气器）、室外空气入口等的着火源和可燃性减小到最低限度；

②使风管、接头及系统所有附加材料的可燃性减小到最低限度。

（二）系统与建筑物结合

①空气处理设备应设置在专门的房间内，且周围的隔墙和楼板应具有一定的耐火极限；

②风管穿过需要开口保护的建筑构件时，应在开口处设置防火阀；

③风管穿过具有耐火极限要求的构件时，风管与周围构件之间的缝隙应用防火密封材料封堵；

④风管与建筑物中可燃材料保持适当的间距或对风管采取隔热保护措施；

⑤把垂直风管设置在具有一定耐火极限的专用竖井内。

三、国内外有关标准的规定及分析

对于由风机、加热器、过滤器以及相关联的设备所组成的通风、空气调节机组，一般安装在专门的房间内，采用具有一定耐火极限的墙、楼板、门、防火阀与建筑物的其他部分隔开。通风系统的设备和部件等只要在系统的设计、设备的选择以及安装和维护保养方面执行有关规定要求，基本能防止设备造成的火灾蔓延到建筑物的其他区域。这一部分相对于风管部分出现的烟火蔓延问题不很突出。

目前，通常把一幢建筑划分成若干个防火分区，发生火灾时，防止火势从一处向另一处蔓延。而防火分区的贯穿孔是建筑防火设计的弱点，必须正确处理，以保持防火分区的结构完整性。由于通风系统的风管贯穿于建筑物的许多区域，如果不采取可靠的防烟、防火措施，一旦发生火灾，风管将成为烟火蔓延的通道，容易造成较大的损失。所以，通风系统的防火、防烟主要应加强风管部分的防火、防烟能力。

（一）有关标准对风管的规定

（1）NFPA 90A。风管应用下述材料制造：铁、钢、铝、铜、混凝土、砖石或者黏土砖，按照 ANST/UL181 测试的 0 级或 1 级刚性或柔性风管，且风管内空气温度不超过 121℃或垂直风管的高度不超过 2 层楼；按照 ASTM E84 或 ANST/UL723 测试的最大火焰传播指数为 25，没有持续增加燃烧现象，最大发烟指数为 50 的石膏板制作负压排风或回风管，且在正常情况下空气温度不超过 52℃。

（2）BS 5588 Part9。方法1，防火阀保护：通过安装防火阀，把火隔绝在着火的防火分区内，这种方法不要求风管具有耐火极限。防火阀设置在穿越防火分区的墙或楼板处及疏散通道的维护构件处（方法 1 在这本标准中没有推荐）。

方法 2，耐火包敷保护：如果风管的耐火包敷的耐火极限与所穿越的最高耐火极限的构件相同，则形成了一个防火分区式的保护管井。这种方法允许风管与耐火包敷一起穿越一些防火分区，到达建筑物较远的区域，只是在风管离开耐火包敷保护的部位要求设置防火阀。

耐火包敷的耐火极限不应低于其穿越构件的耐火极限。

方法 3，耐火风管：风管本身具有耐火极限，且不应低于其穿越构件的耐火极限。

（3）《建筑设计防火规范》GB 50016—2006。风管应采用不燃材料，但下列情况除外：接触腐蚀性介质的风管和柔性接头可采用难燃材料。体育馆、展览馆、候机（车、船）楼（厅）等大空间建筑、办公楼和丙、丁、戊类厂房内的通风、空气调节系统，当风管按防火分区设置且设置了防烟防火阀时，可采用燃烧产物毒性较小且烟密度等级小于等于 25 的难燃材料。

（二）有关标准对防火阀的规定

（1）NFPA 90A。风管贯穿或终止在耐火极限不低于 2h 的墙或隔墙的开口处，应设防火阀；在具有耐火极限且开口要求保护的隔墙上风管的开口处，应设防火阀；只穿越一个楼层，且只供两个相邻楼层服务的风管应被封闭，或者应在穿过的楼板处设防火阀；除另有规定外，风管穿越风管竖井封闭结构的进口或出口上应设防火阀。

用于保护耐火极限小于 3h 的墙、隔墙或楼板上的开口的防火阀，其耐火极限不应低于 1.5h；用于保护耐火极限不低于 3h 的墙、隔墙或楼板上的开口的防火阀，其耐火极限不应低 3h。防火阀耐火极限按 ANST/UL555 测试。

（2）BS 5588 Part9。防火阀应设置在风管中的下列位置：方法 1 中的风管所穿越的耐火极限的墙、楼板或其他的耐火分隔构件处（如疏散通道的墙、空腔隔板）；方法 2 中的风管穿出耐火包敷的所有部位；方法 3 中耐火风管与未保护的分支风管的所有连接点上。

在缺少防火阀的 BS 标准时，当按照 BS 476 第 20 部分测试，防火阀及框架保持完整性的时间应不低于 60min。

特别威胁到生命安全的建筑，如旅馆、医院或其他涉及睡眠的建筑，防火阀的动作除由感温元件控制外，还应由感烟探测器控制的自动释放机构操作。

（3）《建筑设计防火规范》GB 50016—2006。下列情况之一的通风、空气调节系统的风管上应设置防火阀：穿越防火分区处；穿越通风、空气调节机房的房间隔墙和楼板处；穿越重要的或火灾危险性大的房间隔墙和楼板处；穿越防火分隔处的变形缝两侧；垂直风管与每层水平风管交接处的水平管段上，但当建筑内每个防火分区的通风、空气调节系统均独立设置时，该防火分区内的水平风管与垂直总管的交接处可不设置防火阀。

（三）对有关标准内容的分析

从上面的内容中可以看出，虽然几个国家的标准在限制烟火通过风管蔓延的基本思路是一致的，即通过使用适当的风管、防火阀等在一定时间内阻止烟火蔓延。但由于各国的具体情况不同，尤其是相关产品及测试方法不同，使得这些标准在防火、防烟的具体规定上存有较大的差异。

（1）NFPA 90A。风管允许使用规定的不燃材料或通过 UL181 测试合格的 0 级或 1 级的风管（包括风管连接管）。

通过 UL181 防火测试认可的 0 级或 1 级风管，表明它的火焰传播能力、发烟能力有限，抵抗外部火焰穿透的能力达 30min，不支持持续的燃烧，并且火灾中脱落的颗粒不会引燃可燃物，而且 NFPA 90A 认可的所有附加材料的火焰传播能力、发烟能力同样有限。因此，不会因为风管及附加材料本身而助长烟火传播。

据美国的有关资料介绍，按常用的规范，如能把金属板制成的风道正确地悬挂并适当地挡火，则能使风管穿过的建筑构件开口处耐火达 1h 而风管不会出现坍塌的危险。

NFPA 90A 对 0 级或 1 级风管的耐火要求不是很高，火灾时，主要靠防火阀、防烟阀阻挡火和烟在开口处的蔓延，相比之下，对它们的要求较高。该标准认可按照 UL555《防火阀安全标准》测试通过的防火阀，其功能是阻挡火通过保护的开口，耐火极限比较高，达到 1.5h、3.0h。防烟隔断上应设置阻挡烟气通过的防烟阀。需要防火和防烟的部位设置防火 / 防烟组合阀。

（2）BS 5588 Part9。提供了三种风管：无耐火极限的风管、风管外用耐火包敷保护、耐火风管，这三种方法并不相互排斥，在大多数的风管中同时使用两种，有时也同时使用三种。该标准对风管外用耐火包敷保护、耐火风管这两种方法提出了具体的规定，主要是根据风管穿过的墙或楼板的耐火极限决定耐火包覆或耐火风管的耐火极限，从 30min 到 4 个小时。无耐火极限的风管一般使用在所服务的末端房间内，或者储存易燃液体的库房内。

在没有防火阀 BS 标准的情况下，用 BS 476 Part20 测试时发现大部分防火阀及框架在 1h 之内就失去了耐火完整性，显然在耐火极限大于 1h 的开口中设置防火阀，它的耐火能力令人担心，所以 BS 5588 Part9 着重建议风管采用耐火包敷保护和耐火风管的方法。这两种方法可以让风管穿过多个防火分区（NFPA 90A 附录中建议风管避免穿过防火分区），且一些需要开口保护的墙或楼板处可不设防火阀。

风管耐火极限的判定是依据 BS 476 的测试方法，包括耐火完整性、耐火稳定性和绝热性要求，用于评价垂直或水平风管及其组件遭受来自内部和外部火时灾的耐火能力。

（3）《建筑设计防火规范》GB 50016—2006。《建筑设计防火规范》GB 50016—

2006有关空调和通风系统的防火规定只有一章，没有专业规范 NFPA 90A 和 BS 5588 Part9 详细，主要对风管及附属材料的燃烧性能和防火阀的设置部位做了规定，对风管和防火阀的耐火极限没有明确规定。

通过对比分析上述国内外标准，并针对国内建设工程中风管大量穿越多个防火墙且风管普遍采用有机绝热材料以及使用多种风管材料等情况，认为国内有关规范关于通风系统的防火规定可进一步细化，为此提出以下几点建议：

（1）对防火墙等不同部位防火阀的耐火极限做出明确规定。《建筑设计防火规范》对风管穿过防火构件开口的保护主要是通过防火阀实现的，这与 NFPA 90A 基本一致，但 NFPA 90A 对风管穿越不同耐火极限墙体处的防火阀有着不同的耐火极限要求，规定得更为具体。建议有关规范结合《建筑通风和排烟系统用防火阀门》GB 15930—2007 关于防火阀的耐火极限不应小于 1.5h 的测试要求，对不同耐火极限墙体开口处采用防火阀保护提出不同要求，特别是应适当提高防火墙处防火阀的耐火极限，避免防火阀耐火极限偏低、与防火墙耐火要求不匹配的不合理情况。

（2）对风管最低耐火极限提出要求。为在火灾中不助长烟火蔓延，现行规范要求风管及附属材料采用不燃材料，特定情况下可采用难燃材料，这是对风管及附属材料的最低要求，还不能完全满足实际需要。比如，对于走道和较大空间场所，为保证人员安全疏散，对风管有必要提出耐火极限要求，确保风管在一定时间内不垮塌；再如，现行规范要求设置防火阀的部位主要是穿越防火分区处、风机房和穿越重要的或火灾危险性大的房间隔墙和楼板处，对穿越其他具有一定耐火极限的墙体时，没有明确要求设防火阀，若风管具有一定的耐火极限，可起到使该墙体的耐火性能免遭破坏的作用。因此，建议现行规范对风管的最低耐火极限提出明确要求，如达到 1 ~ 1.5h，可保护逃生通道的安全及保持未设防火阀的墙体的耐火性能。

（3）补充电控防火阀的规定。烟通过风管蔓延到建筑物的其他区域主要对生命构成威胁。防火阀如果只靠感温元件 70℃时动作关闭，火灾初期的烟气可能会通过风管蔓延。特别是旅馆建筑，分隔了许多小房间，睡眠时对烟气的反应迟钝，如果风管设置的防火阀不能及早关闭，来自风管内部的烟气容易蔓延到其他房间。因此，对有些防烟要求较高的场所，规范应要求防火阀具备感应烟气自动关闭的功能。

参考文献

[1] 段冬红 . 关于供暖通风与空调工程施工技术的研究 [J]. 建筑与装饰，2020，13（17）：133，135.

[2] 董璐 . 关于供暖通风空调工程施工技术的研究 [J]. 房地产导刊，2019，22（20）：187.

[3] 高春伟 . 论施工关键技术在供热通风和空调工程中的应用 [J]. 居业，2021，28（8）：59-60.

[4] 刘超 . 供热通风与空调工程的施工技术分析 [J]. 四川建材，2020，46（4）：167-168.

[5] 姜海涛 . 关于供暖通风空调工程施工技术的研究 [J]. 建筑工程技术与设计，2020，21（15）：1236.

[6] 马利豪 . 浅析供热通风与空调工程施工技术 [J]. 消费导刊，2020，33（12）：101.

[7] 梁自强 . 探究供热通风与空调工程施工技术要点与节能措施 [J]. 建材发展导向（上），2020，18（4）：288.

[8] 郭昱彤 . 施工关键技术在供热通风和空调工程中的分析 [J]. 百科论坛电子杂志，2020，27（11）：382-383.

[9] 范志成 . 供热通风与空调工程施工技术及节能控制措施分析 [J]. 科学技术创新，2018，19（18）：129-130.

[10] 苏婧 . 供热通风与空调工程施工技术及节能控制措施分析 [J]. 建筑工程技术与设计，2018，16（30）：1280.

[11] 安笑媛 . 基于供热通风的空调施工技术要点研究 [J]. 信息记录材料，2019，20（3）：13-14.

[12] 宋盟，刘孟义 . 供热通风与空调工程施工技术分析 [J]. 百科论坛电子杂志，2019，12（21）：32-33.

[13] 李家栋 . 论施工关键技术在供热通风和空调工程中的应用 [J]. 商品与质量，2020，20（11）：284.

[14] 韩莹 . 通风空调工程的节能减排措施 [J]. 城市建设理论研究，2018（31）：167.

[15] 王烨 . 环保教学活动中重难点把握的思考 [J]. 基础教育参考，2019（9）：60–62.

[16] 丁雨乔，刘少博 . 浅谈节能措施在土木工程建筑中的应用 [J]. 市场周刊，2018（41）：106.

[17] 王炎 . 供热通风与空调施工工程技术分析 [J]. 住宅与房地产，2019，25(15)：286.

[18] 刘禹 . 供热通风与空调工程施工技术要点与节能控制措施分析 [J]. 居舍，2019，39(3)：64.

[19] 郑振玉 . 供热通风与空调工程施工技术分析 [J]. 建材与装饰，2018，14(5)：38.

[20] 熊雪祎 . 供热通风与空调工程关键施工技术的探析 [J]. 城市建设理论研究，2018，8(35)：172.

[21] 董春雷 . 供热通风与空调工程施工技术问题与分析 [J]. 科技创新导报，2018，15(27)：39–40.

[22] 李浩宁 . 供热通风与空调工程关键施工技术的探析 [J]. 智能城市，2018，4(14)：41–42.